"十四五"普通高等教育本科部委级规划教材

品牌童装设计

设计

王渊 编著

U0241662

中国纺织出版社有限公司

内 容 提 要

本书以孩童生长发育的阶段为序，结合不同年龄阶段孩子生理、心理的特征，阐述了婴儿、幼童、小童、中童、大童服装设计的基本规律，并对童装的图案设计、面料与服装的风格表现、一些特殊品类的童装设计及童装设计基础思路等进行了细致的分析。童装设计师服务于相关品牌，设计的产品需符合品牌的定位，书中的一些案例分析可以给童装设计师、相关专业的学生提供很好的理论及实践参考。

本书适用于服装设计专业师生学习参考，又可供相关从业人员以及童装设计爱好者阅读借鉴。

图书在版编目（CIP）数据

品牌童装设计/王渊编著. --北京：中国纺织出版社有限公司，2021.6

"十四五"普通高等教育本科部委级规划教材

ISBN 978-7-5180-6620-9

Ⅰ.①品…　Ⅱ.①王…　Ⅲ.①童服—服装设计—高等学校—教材　Ⅳ.①TS941.716

中国版本图书馆CIP数据核字（2021）第033052号

责任编辑：孙成成　　特约编辑：施　琦
责任校对：寇晨晨　　责任印制：王艳丽

中国纺织出版社有限公司出版发行
地址：北京市朝阳区百子湾东里 A407 号楼　邮政编码：100124
销售电话：010—67004422　传真：010—87155801
http://www.c-textilep.com
中国纺织出版社天猫旗舰店
官方微博 http://weibo.com/2119887771
北京通天印刷有限责任公司印刷　各地新华书店经销
2021 年 6 月第 1 版第 1 次印刷
开本：787×1092　1/16　印张：10.5
字数：160 千字　定价：49.80 元

前言

PREFACE

　　童装设计是服装设计中的一个特殊品类，设计面对的群体是不同年龄阶段的孩童，他们处于生长发育的快速时期，在每个阶段呈现的生理特征、心理特征都是不同的。童装设计师的工作应构架在这些知识基础之上。

　　我国专职童装设计师人才短缺，特别是有多年经验、了解国际服装市场潮流的童装设计师更是难寻。童装市场设计力量薄弱、产品设计缺乏个性和想象力、企业相关资讯滞后……这些都是童装设计中有待解决的问题。本书立足于商业化的品牌童装设计，结合不同年龄段孩童的生理和心理特点阐述了童装的设计要则，并融入了一些高校校企合作童装设计课程的案例，对于有志于从事童装设计的人员有一定的指导意义。

编著者

2020年10月

目　录
CONTENTS

绪　论

第一节　童装的历史及发展现状

一、童装的历史

童装也称儿童服装，是适合儿童穿着的服装。按照年龄段可以分为婴儿服装、幼儿服装、小童服装、中童服装、大童服装等，中小学的校服也包含其中。

在相当长的时间里，儿童服装即成人服装的缩小版。中国古代绘画中，儿童的形象就是缩小的成人，如唐代张萱所绘《捣练图》中，女童的形象就足以说明。西方国家也是如此，从文艺复兴时期美国殖民地的肖像画中可以看到，儿童的服装款式与当时成人服装相同，都是使用裙撑、穿着马裤和上衣设计为低领的服装。

童装业大致出现于19世纪末期，1865年成立的威廉姆·卡特（William Carter）公司，主营儿童内衣，到现在依旧存在。从这时起，儿童终于开始有了区别于成人的服装。不过总体而言，社会的状况依旧是儿童服装款式单一，童装大多是手工制作或出自为数不多的生产厂家，这些厂家提供的服装款式有限；一般父母都会把服装做得偏大一点，好赶上孩子的成长速度；童装的缝制要结实，大孩子穿过了还可以传给年龄小的孩子穿。不过，因为没有哪个孩子敢对父母让穿的服装提出质疑，所以儿童服装式样单一似乎问题并不大。

第一次世界大战带来了"妇女历史的第一缕曙光"，妇女也开始投入到社会生产中。妇女无暇自制服装，也无暇缝制孩子的服装，这成为童装业的契机。新式童装开始了商业的生产和销售，紧随女装业之后，童装业蓬勃发展。由于生产的童装比家庭缝制的服装更结实，越来越多的人选择购买童装，这从某种程度上也促进了童装业的发展。

第一次世界大战后，生产厂家开始将童装的尺码标准化，这是童装业的巨大进步。刚开始，童装只有粗略的尺寸划分，后又不断细分出诸多种类，形成了类别齐全的号型系统。

20世纪30～40年代，录音机和电影进入美国人的生活，社会的潮流引导着童装业的发展。全国的母亲们都把女儿打扮得像秀兰·邓波儿，把儿子打扮成英雄牛仔；青少年们则想把自己打扮成朱迪·加兰或是无数青少年们崇拜的音乐明星。

至20世纪50～60年代，童装广告开始将儿童作为直接的受众。在电视进入美国家庭后，广告商很快就发现，儿童是最大的电视观众群，可以是广告直接面对的目标。儿童喜欢看电视也喜欢看广告。从学龄前儿童看的电视节目"芝麻街"到高中生喜爱的"贝弗利山90210"，适合不同年龄段的电视节目可以帮助每个年龄段的观众了解流行的服装款式。儿童着装由起初的父母说了算，开始向符合儿童心理、生理特点的方向发展。

二、童装发展现状

（一）市场潜力巨大

据业内人士分析，全球15岁以下的儿童有18亿人，占世界人口的30％。儿童生长发育很快，童装的穿着周期较短，儿童对服装的需求量大于成人。儿童服装具有绝对的市场潜力。

我国于2010年11月1日零时为标准时点进行了第六次全国人口普查，据国家统计局公布的数据显示，我国目前总人口为13.39亿，0~14岁人口为2.22亿，占16.60％，人口自然增长率为5.84‰。中国是世界第一人口大国，消费者的可支配收入持续上升，根据中华全国商业信息中心的统计，2010年全国重点大型零售企业童装零售额同比增长21.2％，零售量同比增长7.33％。自新中国成立以来，中国经历了三次人口出生高峰，这三次高峰分别形成于1950~1957年，1962~1972年，1981~1990年。国家计生委统计数据显示，目前我国正处于第四次人口出生高峰期，20~29岁生育旺盛期妇女数量的高峰将持续到2020年左右，2033年前后，我国人口总规模将达15亿左右。儿童绝对数量的增加是童装发展的一个重要促进因素。

就世界范围而言，尽管很多国家儿童人口绝对数值并没有显著增加，但由于时尚潮流及消费者可支配收入的持续上升，童装市场潜力同样不可小觑。根据对大众消费者的有关调查显示，最具购买力的是年龄在18~34岁的人，而这一年龄段的人群许多都已为人父母，父母更倾向于加大孩子服装方面的开支，他们越来越紧跟潮流、关心流行趋势，不再将童装仅认作是生活必需品，而是将其视作提高生活质量的一个标志。

（二）我国童装产业现状

1. 产品设计及设计人才状况

我国专职童装设计师数量不多，特别是有多年经验、了解国际服装市场潮流的童装设计师更是难寻。由于聘请专业童装设计师成本较高，很多小型童装企业为了节省成本，不是聘请一些成人服装设计师改做童装设计，就是干脆仿照国际品牌的样式。不少设计师主要设计成人服装，兼顾童装设计，所以缺乏对儿童生理特点、心理特点的研究，对儿童的体貌特征把握不足，造成了童装设计缺乏特色。全国高等院校中开设服装专业的超过百所，但各院校所设立的服装专业均聚焦于女装设计，尚无院校开设童装设计专业，这也造成了童装设计人才的短缺。

国外的童装市场比我国发展得要早些，在部分发达国家，每年发布至少两次童装流行趋势，专业童装书刊和童装设计名师均有相对成熟的市场需求。我国目前十分缺乏专业童装研究机构，企业相关资讯滞后，流行色、流行款式、消费数据等重要的行业信息没有权威部门进行数据发布，这些工作仅依靠企业是很难完成的。

童装装饰、色彩、图案选择余地大，外部因素与童装的流行联系密切，如某一卡通片的播映、成人服装某一阶段的风格倾向等，都会对童装款式产生影响，从这个角度上说，童装是比女装更时尚、款式变化更快的服装品类。总体上看，我国童装设计力量相当薄弱，产品的设计缺乏个性、缺乏对时尚的洞察力、缺乏文化内涵。此外，号型把握不准，服装的适体性差也是我国童装设计方面有待解决的一个问题。

缺乏想象力，也是我国童装产品的弱项之一。国内多数童装设计仅将目光放在卡通形象上，电视上流行什么形象就在童装上印刷什么形象。这样一来很多品牌的童装会出现同质化的现象，也让童装的成本有所增加，因为正版的卡通形象是需要高额形象授权费用的。很多中低档童装未经授权便擅自使用国外品牌童装的卡通图案，甚至出现跟风现象，更有甚者造成侵权诉讼的恶劣后果。此外，还有图案设计缺少文化性，图案和品牌文化结合不紧密，很多品牌都用同样的图案，出现"千牌一面"等现象。

近年也有越来越多的童装品牌认识到了这一问题，开始研究设计自己品牌独创的卡通形象，许多动漫公司在考虑衍生品时则会第一时间想到与服装企业合作成立童装品牌。如果不能改变长期依靠国外动漫形象授权的现象，我国的童装品牌会在长时间内处于竞争弱势地位。调查显示，我国很多童装品牌企业通过斥重金聘请专业动漫团队打造专属卡通形象，或是与自主卡通品牌合作，目的不外乎借助动漫形象在消费者心目中的知名度，来建立自己的企业品牌形象。

2．质量状况

近年来童装发展趋势强劲，但安全始终都是童装的第一要素。数据显示，超65％的受调查者都非常关心童装的健康和卫生问题，把童装面料的安全性放在选择的首位。

我国童装的安全合格率有待提升。问题主要集中在成品释放甲醛含量超标和面料成分标注不准确上。许多色彩斑斓的童装面料中含有对皮肤有刺激性的化学原料，甲醛含量超标问题已经成为童装市场关注的热点问题。造成这个问题的主要原因是：企业对甲醛含量的重要性没有足够的重视，对新颁布实施的国家标准不了解，目前我国执行的有关甲醛含量限定的标准有GB/T 18401—2001《纺织品 甲醛含量的限定》和GB/T 18885—2002《生态纺织品技术要求》两个标准。而童装业内绝大部分企业不知道我国正在执行这两项标准，更没有这两项标准的留存。企业在面、辅料选择方面缺乏控制和检测手段。

儿童服装质量问题的另一主要方面是配件。由于儿童不具备或者不完全具备自我保护能力，童服上的一些小物件、绳索拉带等设计感强的装饰也存在着潜在危害，每年因童装而出意外的孩子不在少数。针对这些可能存在的潜在危害，FZ/T 81014—2008《婴幼儿服装标准》中，对纽扣、装饰扣、拉链及金属附件等童装小物件都作了相应的规定。GB/T 22702—2008《儿童上衣拉带安全规格》和GB/T 22705—2008《童装绳索和拉带安全要求》标准的相继实施，为企业的生产提出了非常具体的指标和要求。

3. 市场发展不平衡

这种不平衡表现为产品结构不合理。目前市场上的童装以婴幼童服居多，中大童及占0~14岁以下人口44%的10~14岁儿童服装，存在很大的市场空白。

其次，童装市场充斥着大量低档产品，而高端市场多被国外品牌所占据。由于童装经营风险比成年人服装要低，市场准入门槛也不高，使得童装市场形成了多渠道流通、各种经济成分参与经营、竞争激烈的局面。

童装行业是为了服务广大儿童而发展起来的行业，特别是在国家放开二胎之后，童装行业也迅速崛起。但我国童装市场上国产的童装品牌占有率不高，市场综合占有率排名较高的品牌多为三资及进口品牌。

随着童装行业的快速发展，人们对其安全性的关注度也越来越高。国家对婴幼儿及儿童服装产品的监督抽查力度也在不断加强，相关质检部门的安全监管也越来越严格，我国童装质量呈现稳中有升的趋势。

4. 童装消费状况

童装的穿着者是儿童，首先要符合儿童心理。童装的购买者是成人，成人在童装，尤其是婴幼童服装的购买上具有决定权。

以年龄区分，童装消费群体可以分成四类：

①0~6岁学龄前儿童，这个年龄的儿童服装的购买几乎完全依赖父母。一般企业在营销策略中，把父母作为主要对象，使他们相信自己的产品。

②6~9岁，随着儿童年龄的增长和消费地位的不断提升，这个年龄段儿童影响父母购物的能力越来越强，童装生产企业的营销策略应该建立在他们的消费心理和消费需求之上，取得他们的认同。

③10~13岁，这个阶段的儿童消费能力增强，在许多情况下，他们不仅参与购买，而且还会逐渐成为家庭购买的参与决策者。处于本阶段的儿童愿意模仿成年人的外表和行为，因此在了解他们心理的基础上，设计师应根据他们的爱好设计产

品，投其所好。

④14~16岁，这一年龄阶段的儿童已经成为家庭购买的重要决策者，他们不仅对自己的消费拥有决定权，而且由于他们接受信息快，知识面广，消费也趋向合理，喜欢时尚，追求自由，他们的意见对其他家庭成员也有引导作用。

因此，童装市场不是单一的，在购买中决策人也不是单一的，只有了解消费者的心理特征和消费行为才能出奇制胜，设计出好的产品，占领市场。

第二节　童装设计师必备的素质

童装是服装产业结构中一个比较特殊的服装种类。在整个儿童时期，随着年龄的增长，儿童在形体变化和心理发展方面有着明显的阶段特征。与成人相比，儿童在成长过程中的个体差异是很大的，根据其生理和心理特征可分为婴儿期、幼童期、小童期、中童期和大童期。从设计角度来看，不同时期儿童的服装设计又各有特点。设计师在设计童装时，不仅要考虑面料、材质、造型、市场等常规因素，还需充分了解儿童的生理、心理需求。

童装设计师应该具备的素质分为两部分，技能素质及心理素质（图1-1）。

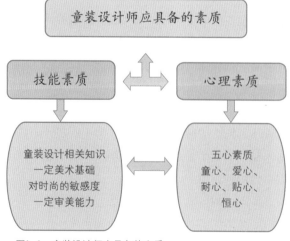

图1-1　童装设计师应具备的素质

一、技能素质

童装设计师应具备的技能包含了童装设计相关知识、一定美术基础、对时尚的敏感度以及一定审美能力。

（一）童装设计相关知识

这是童装设计师的设计基石。儿童在不同的年龄阶段生理发育速度不同，童装设计应考虑到儿童的年龄、心理各方面的特点，这主要体现在儿童体型变化、服装造型和舒适性、材料选择、装饰图案与儿童心智成长等方面。因此，童装设计师必须了解童装色彩、面料、结构、工艺、营销等相关知识。以结构为例，设计师必须熟知不同年龄段儿童的生理特点，结构设计时才能游刃有余，设计出既美观，又穿着舒适的童装。

（二）一定的美术基础

设计师需要一定的载体来表达自己的设计理念。服装设计的学习过程简单说，即先学习素描、色彩等美术基础课程，接着学习服装效果图技法，把自己的构思通过绘画的手段表达出来，然后学习服装设计原理、方法、材料等，同时掌握服装打板、工艺等相关技术。贯穿于整个服装设计学习过程的就是要不断提升自己的审美能力、时尚眼光。再者，童装设计是团体性的工作，设计师需要以绘画为载体与服装产业链其他环节人员沟通设计思想，推进设计工作。美术基础是设计师将自己的设计思维形象化的基石，促进设计师更好地与设计团队中其他成员沟通。

图1-2为童装面料图案，童装设计师需要一定的图案设计能力，这需要在色彩、造型及构图方面进行认真的学习。图1-3是国外童装设计师的优秀童装设计手稿，童装的款式表达

图1-2　童装面料图案

图1-3　国外设计师的优秀童装设计手稿

清晰，人物动作神态生动，没有扎实的绘画基本功是做不到的。

（三）对时尚的敏感度

时尚是在特定时段内率先由少数人尝试并被认为后来将为社会大众所崇尚和仿效的生活样式。时尚不同于流行，流行是大众化的，而时尚相对而言是比较小众化的，是前卫的。时尚在服装的风格及款式上都能得以展现，更重要的是在细节及穿着舒适度上满足人体需求，一款时尚的服装不仅可以因其独特的款式被人认可，其特色还体现在布料、色彩、装饰的搭配中。童装的穿着者是孩子，但购买的决策者是父母。童装的设计同样需要时尚的元素。成人对时尚的认知会引导其购买童装的方向。

童装设计师应具有相当的时尚敏感度。

（四）一定审美能力

审美能力是指个体按照一定时代、社会的审美理想自觉进行审美心理的自我锻炼、陶冶、塑造、培育、提高的行为活动，以及通过这些行为活动所形成或达到的审美能力和审美境界。一个人具有相当的审美能力，就会以较高的审美素养、健康的审美情趣，去选择和接受审美对象，获得丰富的审美感受。

服装设计作为艺术设计的一个门类，有着自身的设计规律和艺术语言。它是以人作为设计对象，以物质材料为主要表现手段的艺术形式。服装的款式、色彩及面料的艺术处理都从属于具体的人的需求，这是服装设计作为实用设计艺术的实质所在。服装设计师应善于在服装的审美高度和技术质量上做文章，从服装的功能中发现和创造美的形式，寻求服装设计的审美和实用之间的内在统一性和协调性。服装设计是一项创造美的工作，服装设计的美以突出和强化人的形体特征和个性特征为主要目的，设计师通过这种艺术设计手段既表达了自身的情感思想，也展示了时代的文化和精神风貌。

具体到童装设计上，设计师应从文学、艺术及美学等多个方面加以积淀，只有具备了一定的审美能力，才能设计出符合大众审美标准的儿童服装。作为面向市场的设计师，应对大众的审美趋向有清晰的认知，其设计作品才能给人以赏心悦目的审美享受，才能获得市场的认可。

二、心理素质

童装设计师应具有五"心"的心理素质。

（一）有童心

童心是指具有孩子般的心灵、心情，直率而纯真。具有童心即形容成年人还有着孩子的天真，年岁虽大但仍有天真之心。童装设计师在日常的生活中有着小孩特质心态、心境、个性、趣味，即使外表成熟，但是在内心保留儿童的柔软。童心也是一种生活态度，只有具有童心才能真正了解小朋友的喜好，在设计童装时把这种理解融入其中，才能设计出儿童喜爱的产品。

以童装设计中最常见的动画形象元素为例，由于动画片视听能力强，鲜艳的色彩、极富感染力的配音、欢快明亮的背景音乐，非常能够吸引孩子的注意力。动画片信息量大且新，可以扩展孩子的知识面，使孩子从中受到美的熏陶，动画片中的故事具有一定的娱乐性和教育意义。作为动画片的衍生产品，应用动画形象元素设计的童装产品受到了儿童的喜爱，在童装设计中极为常见。但是，不同年龄阶段的儿童所喜好的动画片是不同的，一个有童心的设计师不但需要了解当下热播的动画片元素，还要了解不同年龄层记忆中经典的动画形象。童装的穿着者是孩子，童装的消费者是成人，服装上的经典动画形象会调动孩子的父母、长辈对于美好时光的回忆，激发对童装的购买欲。如：

你知道吗？

"70后"、"80后"、"90后"记忆中有什么经典形象？

希瑞是谁？大雄和小静呢？

知道奥特曼吗？他的经典动作是什么？

一些经典的动画形象历经多年，依旧受到孩子们的喜爱。

关于童心的几个问题

你能说出10部以上比较受小朋友喜爱的动画片名称吗？

当下正在播放的动画片是哪一部？主人公叫什么名字？它最喜欢/最讨厌什么？

能说出10首以上儿童歌曲的名称吗？

喜欢的游戏？

爱吃的东西？

喜欢听的故事？

小朋友的偶像？心中的权威？

了解儿童的喜好是必要的。儿童的喜好往往直接表现为他们对服装的爱憎。如儿童可能会因为故事中乌鸦愚笨的形象而对黑色产生厌恶，进而拒绝穿黑色的服装，因为那样会"像乌鸦太太一样"。

（二）有爱心

爱心是一种对事物的爱惜、同情、怜悯的心态，包括相应的一些行为，它是一种奉献精神，也是关怀、爱护人的思想感情，包括于所有情感之中。对童装设计师而言，爱心更强调的是一种对儿童的怜爱之心。很难想象，一个不喜欢孩子的设计师能够设计出孩子喜欢的童装。

（三）有耐心

不少人认为童装设计很简单，比成人装的设计要容易许多，其实不然。儿童各项生理指标尚未发育成熟，儿童服装的设计在很多方面要比成人服装设计更为烦琐，有很多设计细节需要注意。设计师不仅要考虑到款式的美观，更要兼顾儿童的生理特征；童装作品不仅是用于表达童装的色彩、造型效果、风格和特点，其安全性更为重要。

可以这样说，童装设计师在设计过程中需要考虑的内容更多，从对流行的研究至细节功能无所不包。设计师耐心地厘清设计头绪对童装设计来说是非常重要的。

（四）设计要贴心

服装的载体是人，设计贴心、符合人体工学是服装业对设计师的总体要求。相比成人服装，贴心这一设计要求，在童装中尤为重要。成人为了追求着装后的美感，或许愿意牺牲着装的舒适感，但儿童则不然。

图1-4　国外时尚杂志发布的婴儿装流行趋势

童装的设计从面料的色牢度到印花的牢度、甲醛含量、拉链的牢度，乃至装饰物的牢度都需要纳入设计考虑范围，贴心设计、细致考虑、避免安全隐患，是童装设计的重要原则。

（五）有恒心

我国童装业起步较晚，之前一直是成人服装带动整个服装业的发展。人们对童装的关注相对较少，在童装设计领域，国内几乎没有专业的童装研究机构，缺乏专业技术人员研究发布童装流行趋势，这些资讯均来自于国外相关机构（图1-4）；再加上多数服装院校并未开设专门的童装设计专业，童装设计师多是从事成人装设计出身，他们对童装的造型、面料及色彩对儿童身心健康利弊的影响，以及儿童的体貌特征都没有深入地研究，专职童装设计人才缺乏。

近年来，随着我国童装业的迅猛发展，童装产业对童装设计师的需求存在巨大缺口。很多刚加入工作的年轻设计师往往心浮气躁，频频跳槽是司空见惯的事情。但对于童装设计而言，职业经验的积累至关重要。进入童装设计行业，就应保持从事这一行业的决心与恒心，潜心设计、提升自己的职业技能素养，才能成为一名优秀的童装设计师。

02

婴儿服装的特点

第一节　婴儿的生理特征及对服装的需求

　　本章节将从新生儿及婴儿两个不同的阶段进行叙述。新生儿阶段是孩子刚脱离母体阶段，这一时期的孩子尤其娇嫩，对于服装的要求非常高；婴儿阶段则是孩子满月至一周岁的时期，这一阶段的孩子生理发展变化非常大，对服装的要求也在不断地变化着。

一、新生儿服装

（一）新生儿生理特征

　　人类胚胎在母体中的孕育时间为40周，共计280天。人们常说十月怀胎，28天为女性的一个月经周期，自然月约为9个月。满37周为足月，之前为早产儿。所谓新生儿，指的是胎儿娩出母体并自脐带结扎起，至出生后满28天的这一段时间内的儿童。

　　新生儿的生理特征是：骨骼柔软，呼吸系统发育不健全，呼吸运动较浅；脉搏较成人快，可能会出现时快时慢的现象；刚出生的小孩体温较高，肛门测量时为37.5~38℃，以后体温逐渐降低，出生后3~5小时，体温可降1.5~2℃，至一昼夜后，在护理正常情况下，体温变为正常；新生儿皮肤较薄，皮下血管丰富，皮肤红润；睡眠的时间较长，一天基本达到20小时左右。

（二）新生儿服装的特征要求

　　新生儿皮肤娇嫩，骨骼柔软，服装设计的第一要素就是实用，能够对新生儿起到保护性的作用。

　　新生儿的生理特征对服装的要求见表2-1。

表2-1　新生儿的生理特征对服装的要求

新生儿的生理特点	对服装的要求
皮肤娇嫩，角质薄，皮下血管丰富，易擦伤感染，脐带一周左右方脱落，有纱带包扎	保护皮肤，防止擦伤
血液分布集中于躯干与内脏，皮肤易发凉，手脚易青紫	保暖
骨骼柔软、颈椎无法自行竖立	保护

内衣是新生儿细嫩肌肤的第一层保护，新生儿的内衣设计必须以呵护为前提。新生儿体温较高，加上季节的变化，较容易流汗。因此新生儿的内衣必须以宽松、透气、易吸汗为主，最好为纯棉材质，同时采用无接缝缝制法，这样可以避免粗糙的缝边摩擦宝宝细嫩的肌肤。若有开襟，穿脱及更换尿布都较容易且使用方便。

（三）服装款式

和尚服是非常典型的新生儿贴体服饰。所谓和尚服就是一种不带纽扣的衣服，很宽松且比较好穿脱。穿此服装可以使新生儿不容易着凉也不容易划伤，因此其受到了消费者的喜爱。有的地方称这种服装为毛衫，这是因为早期人们在缝纫这种服装时，通常服装的接缝处是不锁边的，保持毛边状态，这样接缝位置最大限度地保持了面料的柔软触感，在与新生儿的皮肤接触时起到了很好的保护作用。传统的毛衫要求要柔软适体，一般由浅色而柔软的全棉面料制成，大襟领，没有扣子，用扁平的带子固定门襟，袖子连裁。

这种新生儿贴体服饰的设计非常科学，从色彩、款式、面料等多个方面对新生儿起到了保护作用。

1. 色彩

毛衫一般都是浅色面料，通常无花纹或仅有颜色极为浅淡的印花，且印花仅印在面料的外侧，贴体的一面保持浅淡的纯色。这是因为新生儿的皮肤极为娇嫩，大部分新生儿的脐带要经过7~10天才会干瘪脱落，有的甚至要近两周的时间。在这段时间中，成人需要非常仔细地呵护新生儿的脐带残端，以防出现因愈合不全而感染的现象。如果新生儿的皮肤出现擦伤或脐带愈合不全渗出体液时，浅色的面料便于发现异常并及时进行检查、处理。

2. 款式细节

传统的新生儿毛衫在服装接缝处是不锁边、保持布料边缘的毛边状态，这可以防止锁边工艺所带来的布料边缘硬化；袖子与衣身为连裁式结构而非装袖，避免了袖窿与衣身的缝接缝，保证了服装的舒适；大襟领，前左右衣片在新生儿腹部交叠，双层面料起到了保暖作用；传统的毛衫不使用扣子，这就杜绝了扣子脱落被新生儿误食及新生儿幼小的手指被扣眼卡住等危险性；服装采用扁平的带子为连接件，带子柔软而具有一定弹力，非常实用。毛衫不仅适用于新生儿，也是整个婴儿期都非常实用的一款服装。

图2-1为市售新生儿毛衫，上下衣为分体式结构，下面搭配开裆裤，裤子的腰间一般为前开式，裤子前左右两片在腹部交叠，用绳带系扎。一般衣身及布带均由柔软的针织面料制成；搭配开裆长裤，便于成人为婴儿更换纸尿裤。毛衫款式也可以是连体式，根据季节的不同，还有长短袖、短裤式及长裤式等不同的类别。

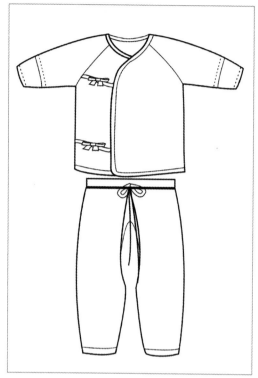

图2-1　新生儿毛衫

传统的毛衫是以手工制成的，随着机器大工业的发展，现代毛衫也进行了一定改良，考虑到商品销售的品相，加之工艺的进步，现在的毛衫已经全部采用锁边工艺；一些品牌还将服装的连接件布带改为牢固度非常好的钦扣，扣子上往往还打上品牌的Logo，既实用又好看。毛衫这个称呼也逐渐被人们所遗忘，取而代之的是和尚服、蛤衣等不同的称呼。

二、婴儿服装

通常出生29天后至一岁以内的孩童称为婴儿。在婴儿阶段，孩子的生长发育特别迅速，是人一生中生长发育最旺盛的时期。

（一）婴儿的生理特征及对服装的要求

婴儿的体态特征是头大、腹大、无腰，处于生长发育最快、体态变化最大的时期。

一周岁以内的婴儿基本处于躺坐状态，到后期一部分婴儿会开始尝试学习走路的技能。婴儿睡眠时间长，三个月以内的婴儿不会自行翻身。他们缺乏体温调节能力，易出汗，排泄次数多，皮肤娇嫩。婴儿的生理特征如下。

身长：2～3个月的婴儿身长可增长10厘米。

体重：成倍增加。

身体结构：头大、颈短，头高与身长的比例约为1∶4。

腿部：短且向内呈弧状弯曲（O形）。

围度：头围接近胸围，肩宽约相当于臀围的一半——几乎没有胸、腰、臀围的区别，仅头围较大。

婴儿的运动技能发展虽有个体差异，但都是有序的，并逐渐学会滚、坐、爬、扶着迈步和独立行走。

（二）婴儿服装的特点

为了保护婴儿娇嫩的皮肤、柔软的骨骼，婴儿装最主要的设计特征就是便于穿脱，款式设计简洁、平整、光滑。通常少用接缝或缝份外露，袖子连裁，无腰节线和育克设计，或上下连体设计，都能很好地实现减少接缝、使服装平整光滑的效果。

1．面、辅料选择

婴儿皮肤娇嫩易过敏，婴儿装的面料要柔软、舒适。从生理特点上来看，婴儿比较爱出汗，排便功能并不健全，且对外界气温适应度较低，所以婴儿的爬服、连身衣、睡衣这类贴身衣物的面料不但要求能快速吸汗，还要耐洗涤、保暖性好，柔软、透气、吸湿性好。有弹性的棉、丝、亚麻等天然面料以及针织或梭织面料是婴儿服装的最佳面料，这样的面料手感柔软、无刺激性，可以减少湿疹等皮肤炎症的发生，不会伤害到婴儿娇嫩的肌肤，也符合其生长的要求。设计服装时应尽量避免使用会给婴儿造成不适的辅料，例如松紧带、拉链、厚重纽扣等。

2．色彩选择

婴儿贴身的服装以浅色为宜。若婴儿皮肤出现损伤，与服装接触后，浅淡的色彩较深色更易发现异常。首先，浅色面料相对深色面料而言更为安全，甲醛及染色牢度超标的风险较深色面料小些。再者，婴儿视觉神经未发育完全，所以此阶段童装常采用白色、嫩绿、淡蓝、粉红、奶黄等不易刺激视觉的浅色（图2-2）。针对此色彩倾向，设计时可以挑选色谱当中暖色系的色彩进行调和及重组搭配。而在设计婴儿的外出服装时，可适当地选择一些略鲜艳的流行色彩，但要适合婴儿，不可过深过重。

3．款式选择

婴儿装款式的设计需要从服装的长度和围度、面料辅料的使用、服装的开口设计等多个方面细致考虑，具体如下。

（1）围度。 如前所述，婴儿身体呈筒形，体态挺胸凸肚无明显腰线，呈现前突后凹的体型特征。因此婴儿服装一般不做收腰设计，服装在廓型上呈现出明显的A型、O型、H型等宽松舒适的版型，如图2-3所示为O型宽松的婴儿装。图2-4为系列婴儿装设计，它们虽然款式各异，但是服装的外廓型都是宽松舒适的。婴儿装的款式结构应以简单、方便、舒适为主，并具有适当的放松度，以便适应婴儿的发育生长。

（2）长度。 此处的长度设计并非仅指服装的长度，而是囊括了婴儿服装的裆长设计。婴儿有穿着尿布的需求，因此在设计时需要从裆长及裆部开口两个方面进行规划。首先是裆长，所谓裆长就是指从裆底到腰的距离，裆长有前裆长及后

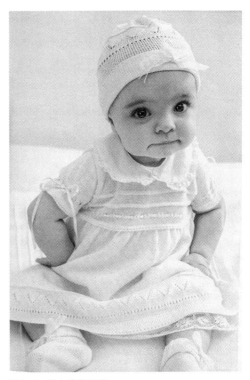

图2-2　浅色的婴儿装

图2-3　O型宽松的婴儿装

裆长之分。婴儿服装裆长一般需要在正常裆长的基础上预留出纸尿布足水后的厚度。同时为方便更换纸尿裤，裆部的开口设计也有讲究，婴儿装的脚口至裆部最好使用平滑的按扣来进行开合。图2-3婴儿装的裆部即为按扣式开合设计。这样，当成人为婴儿更换纸尿布时，只需要从底部打开，而无需将婴儿的裤装脱下。这种开口方式可以起到较好的保暖作用，且更为方便。

常见的婴儿裤装有开裆和闭合裆两种样式。早期我国不少地区有给婴儿穿着开裆裤的习惯，但随着穿衣观念的改变，现在更多人为婴儿选择闭合裆设计的裤装。所谓闭合裆设计，即裆部至脚口之间为闭合状态。此外，在一些欧美国家，婴儿均使用闭合裆裤。因此，为了更好地满足不同消费者的需求，在设计婴儿裤时，最好按照开裆的长度预留可以拆开的缝份，家长可以按照自身的需要进行选择。

（3）*开口宽度。*头、手、脚、颈部等身体部位从服装伸出位置的宽度，即开口的宽度，决定了服装穿脱的便利程度。一些经验不够丰富的设计师在设计婴儿服装时往往会忽略掉非常重要的一点——婴儿服装的穿脱要依靠成人的帮助，婴儿服装穿脱的便利应适应成人的习惯。

①领的开口设计：在给婴儿套穿服装时，成人一般都是先托住婴儿的头颈位置，而后把婴儿的头部套进领子。领子在婴儿服装的造型中起着重要的作用，领型设计要考虑婴儿的体型特征。

婴儿头部较大，婴儿装的领部开口如果过小，套穿式的服装穿起来就会很不方便。考虑到婴儿肩部窄，领口过大则会造成服装在肩部位置下滑，因此设计时可以在肩部增加开口，使用平滑的按扣连接，以解决这个矛盾。

婴儿颈部很短，无领的款式，既可以满足婴儿头部运动的需要，同时又可以为垫放小毛巾或围兜提供空间。如果使用有领的设计，婴儿装的领要平坦而柔软，领座不能太高，不宜在领口上设计烦琐领型和装饰复杂的花边；根据不同的季节特征，春、秋、冬季可使用小圆领、方领、圆盘领等关门领，夏季可用敞开的V领和大小圆领等。图2-5是领口加大的婴儿服装，服装的前后片在肩部交叠，扩大了领口的开口量，成人在帮婴儿套穿这样的服装时会非常便利；图2-6所示的婴儿上衣则通过半开门襟的形式增大了领口的开口量。此外，单肩部可打开，也是不错的增加领部开口量的方式。

图2-4　廓型宽松的系列婴儿装设计

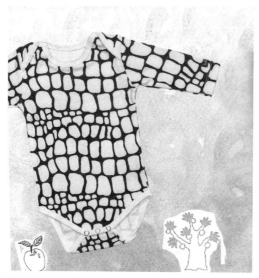

图2-5 从肩部扩展领口量的婴儿服

图2-6 半开式门襟以扩展领口量的婴儿服

②袖的开口设计：袖子是服装设计中非常重要的部件。人体的手臂活动频繁、活动幅度大，肩、腕等部位的活动，会带动上身各部位的动作发生改变。肩及腋下是连接袖子和衣身的重要部分，如果袖窿位置设计不合理，袖山设计得过高或过低，都会影响服装的舒适性及美观性。婴儿体态圆润、手臂饱满，因此肩袖的设计需适体性好，同时形状一定要与服装整体相协调。一般连裁袖在婴儿装设计中应用较多。如采用装袖设计，则袖窿开口不宜太小，以便穿脱。

在穿好领子后，成人会用一只手握住婴儿的小手把它送进袖管，另外一只手则在袖口轻轻把婴儿的手拉出来，脱衣则反之。所以，婴儿的袖口宽度应适应成人——而非婴儿的手的宽度，不能过窄，成人的五指应能比较顺畅地伸进去，方便帮助婴儿穿脱服装。袖口可以设计为有调节体温的功能，冬装使用收紧式袖口以便保暖，夏装使用开放式袖口则可以凉爽一些。婴儿服装一般采用一片袖的裁剪方式，宽松舒展，袖形流畅，易于活动且工艺简单。

③系扣的开口设计：系扣的开口设计需要在两个方面考虑婴儿的生理需求，即门襟开口位置及门襟开口方式的设计。

首先是门襟开口位置的设计。婴儿的生长发育规律，民间有"七坐八爬"之说，指多数婴儿满七个月大时才能够独立坐，八个月大时才能具备爬行的技能。婴儿的睡眠时间较长，这一生理特征决定了他们平时以仰姿为多。六个月以内的婴儿，门襟的闭合位置最好设计在服装的前胸、肩部或是侧边，这样既方便，穿着起来也更加舒适；尽量不要采用后开口的设计方法。图2-7是前开式门襟的婴儿连体服，如采取后开口的开襟设计，婴儿仰卧时处于背部的扣子会造成婴儿不适。这样前开襟的服装，成人可以先将服装铺平、衣襟打开，再将婴儿放到衣服上为孩子穿着，更为方便。

　　其次，是门襟开口方式的设计。门襟开口位置一般需要使用一定的连接件。因婴儿具有口腔探索期，婴儿服装上尽量少用钉扣及装饰物，以防止被婴儿拖拽松动而发生误食现象。可用绳带固定婴儿装的衣襟，且绳带不宜过长，以防止发生缠绕。如需要运用扣子作为开襟连接件，则需使用按扣而非钉扣，一方面是按扣相对于钉扣而言更为牢固，同时无扣眼的设计也避免了婴儿的手指误卡入扣眼而发生意外。

　　（4）臀宽。 臀宽指的是人体臀部向外最突出部位间的横向水平直线距离，在服装上则指代服装臀部位置由左至右的总体宽度，也称为服装的臀围线。臀围线的变化对于服装外形的变化影响很大，不同的臀围宽会让服装具有全然不同的外形。婴儿期，孩子不具备自如控制

图2-7　前开式门襟的婴儿连体服

排便的能力，需较长时间使用尿片；尿布具有较大的宽度，婴儿穿着之后大腿根部会向外微微扩张，如果臀围位置紧窄，尿布会压迫婴儿的大腿内侧，造成皮肤摩擦红肿。因此，婴儿服装的设计需考虑兜尿片的宽度以及便于活动等因素；此外，不仅需要考虑加大裆长，同时臀围处的设计也大都是比较宽松的，比如灯笼裤、背带裤等的臀围处都有足够的放松量。图2-7中的婴儿连体服，总体为H型造型，自胸围线向下呈外扩状，臀围位置较宽，就是充分考虑了婴儿使用纸尿片之后大腿位置向外微张的状态。

　　（5）其他细节设计。 因为婴儿长期是仰姿，衣服应尽可能减少缉缝线，不宜设计有腰接线和育克的服装，应保证衣服的平整、光滑，不致损伤皮肤。

　　婴儿的睡衣一般不使用有帽设计，如需有帽，帽子应可以脱卸。

　　婴儿装的结构应以宽松简洁为主，婴儿的服装换洗频率较成人要高，且由于其生理发展尚未完善，经常会出现排泄物沾染服装的情况，且又以下装为甚。上下分开的婴儿内衣设计，便于成人为其换洗，不容易着凉。

　　连体式的婴儿装，具有很好的保暖性。当婴儿在爬行和滚动时，不会出现上装向上滑动的现象，可以更好地保护婴儿的腹部以免着凉，成人抱起婴儿时也比较方便。一些比较贴心的设计，如婴儿裤装的脚口位置还使用了收口的罗纹面料，脚口不会在抱起婴儿时上滑，更为保暖。

　　婴儿服装的设计应十分注意卫生和保护功能，服装一般应造型简单，以方便舒适为主，适当的放松度以便适应孩子的发育生长；同时要注意结构的合理性，结构应简洁不繁复。既要注意造型的适体，又要注意扣系结构的合理运用，总之舒适、方便是这个时期服装的设计原则。

（三）常见的婴儿服装

1. 各类内衣

图2-8~图2-14是一些常见的婴儿内衣，服装各部位的设计都充分考虑了婴儿的生理特征，如：领口可扩展设计，充分考虑了婴儿头围较大的特点，便于成人为孩子穿脱服装；裆部可打开设计，是婴儿服装的重要功能性。图2-15是市售的各式婴儿连体服，虽款式细节各不相同，但均充分考虑了这个时期婴童的生理特征和穿着的便利性要求。

婴儿的内衣设计尤其要"贴心"，无论是面料的选择，还是款式细节设计都要以呵护为首要原则。

2. 婴儿外出服

婴儿的外出服设计也应遵循贴心、便利的设计原则。除蛤衣、连帽外套等一些常见的服装种类外，还有一种服装使用也非常广泛——斗篷。斗篷即一种披用的外衣，用以防风御寒。婴儿用的斗篷一般是连帽设计，服装呈"A"字形，下摆长及

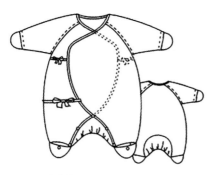

图2-8　连脚蛤衣——袖口连接可外翻的手套；大襟；无扣、绳带固定；裆部加长

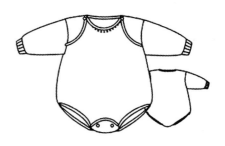

图2-9　裆蛤衣——领口可扩展；扣裆结构

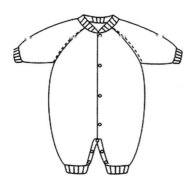

图2-10　对襟蛤衣——扣裆、小立领、袖口收罗纹

图2-11　裆蛤衣——对襟；圆领；后片加长，经裆部交叠至前片形成扣裆结构，扣裆高度可调节

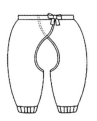

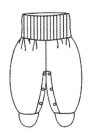

图2-12 绳开裆裤

图2-13 可拆裆裤——裆
部可拆开，改为开裆裤

图2-14 护腹裤——腰
部有加长的罗纹，有助
于腹部保暖

图2-15 市售的各式婴儿连体服

婴儿脚踝（图2-16）。在寒季外出时，可以非常方便地将婴儿裹在斗篷内，至温暖的室内，脱卸也很方便。

3. 睡袋

睡袋是婴儿服装中非常重要的一个种类，是为了防止婴儿睡觉蹬被而使用的包裹婴儿身体的睡眠用品。随着科学育儿知识的普及，越来越多的父母给予了宝宝单独的睡眠空间，而独自睡觉的宝宝，睡眠中蹬被的问题也随之而来。婴儿睡袋，作为一种可以防止宝宝蹬被着凉的睡眠用品应运而生，并得到父母们的青睐而大行其道。

婴儿的睡眠时间较长，在睡眠期间，婴儿背部接触床铺，身体呈仰面朝天的姿态，因此一般婴儿睡袋背部不做过多的设计，以平整为宜，忌在背部设计立体、突出的装饰。图2-17为婴儿成长睡袋，下摆将平整的按扣设计为可开合式。考虑到婴儿生长的速度较快，不少婴儿睡袋的下摆还设计为可加长式，以适应婴儿不同生长时期的需要。睡袋一般可兼做冬季外出抱被，常常设计为可以脱卸的连帽款式，这样在冬季外出时帽子可以很好地保护婴儿的头部防止着凉；而进入室内时，可以方便地卸下帽子，婴儿睡觉时可以更为舒适平整。

根据款式的不同，婴儿的睡袋可以分成被式、葫芦式、衣服式、背心式、袖被式等不同的款式。

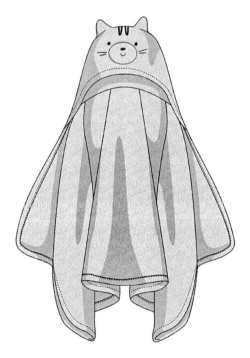

图2-16 婴儿外出斗篷

图2-17 婴儿成长睡袋——帽子可脱卸，下摆可打开

（1）**被式。**被式款式为长方形如信封状，相当于一条小被子对折，底部及侧边有拉链。绝大部分被式睡袋被设计成可以打开成被子的两用型，既可以当小被子使用，也可以对折后拉合拉链成睡袋。该款式的优点是结构简单，一般使用双头拉链，底部可以打开，方便更换尿片等。并且由于是被子、睡袋两用型，增强了产品的实用功能，空间大，婴儿活动自由，不受束缚。不少被式睡袋带有护肩的设计，可以防止婴儿在睡梦中滑出睡袋。

（2）**葫芦式。**顾名思义，葫芦式睡袋的外形类似葫芦，一般上窄而下宽，睡袋的底部往往为圆底设计。这种睡袋可以看成是被式睡袋的改进版，由于睡袋的颈部收窄，可以防止婴儿在睡梦中溜出睡袋或钻到睡袋里；底部宽大

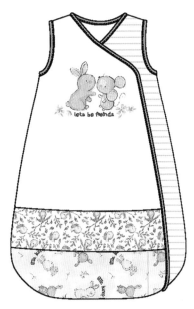

图2-18　背心式睡袋

的设计则增加了婴儿双腿自由活动的空间，使用时更为舒适。这种睡袋无法整体打开为被子状，实用性较前者要略微逊色一些。

（3）**衣服式。**衣服式的睡袋有袖子、帽子等，形状如衣服，相较前两款睡袋而言，衣服式睡袋更为适体。为了适应婴儿成长的速度，不少款式都搭配了加长袋，可以伴随婴儿的身高调节睡袋的长度，延长了产品的使用期限。图2-17即为衣服式成长睡袋。

（4）**背心式。**背心式睡袋可以视作衣服式睡袋的精简版，去掉了袖、帽等附件。背心式的睡袋多用于比较热的夏季（图2-18）。

（5）**袖被式。**袖被式介于睡袋和被子之间，是在被子上多出两只袖子。既有被式睡袋的舒适性，满足婴儿的自由活动，又防止了宝宝睡觉时乱动导致外露而着凉。

第二节　婴儿服装的设计

一、色彩设计

色彩赋予了童装充满视觉的感染力，同时又充满了丰富的人文色彩，丰富的色彩感让孩子更加自信和开朗。色彩感的强弱与孩子个性及感情有着密切的关系。童装的色彩就像孩子随身的色标一样，时刻影响着他们的色彩感，甚至会引起他们的情绪变化，对孩子的心理和生理有着相当大的影响。

据有关研究结果表明，0~2岁婴幼儿的视觉神经尚未发育完全。所以婴儿在服装的用色上不宜太鲜艳，过度强烈的色彩会伤害婴儿的视觉神经，对婴儿的睡眠质量也会产生影响；另外，婴儿的皮肤很娇嫩，免疫力弱，用化学染料漂染的衣服颜色往往会比较鲜艳，使用浅淡或是白色的服装可避免服装染料对皮肤的伤害。婴儿的皮肤破损时，深色、鲜艳的服装不易发现血迹，存在安全隐患。图2-19为西班牙发布的一组2020年春夏婴儿装色彩流行预测，用于婴儿的贴体服饰设计，色彩都是比较浅淡的。

粉色非常适宜婴儿服装使用。这里所说的粉色指的是含有白色的系列色彩，如粉红，粉蓝等，这些颜色柔和浅淡，不论男婴或女婴均可以使用。很多婴儿内衣并没有明显的男女款式差别，一般通过冷、暖色系区分男女款别。如男婴服装常使用淡蓝色，女婴服装常使用粉红色。此外，嫩黄色也是婴儿服装的常用色彩。

图2-20为婴儿的外出服，外出服的色彩选择余地比较大，没有太多的限制，但是考虑到婴儿视神经的发育情况，色彩一般不宜过于鲜艳。

二、款式细节设计

婴儿服装的细节设计需"贴心"，一些常用的款式，如蛤衣、斗篷、开/连裆裤等，要设计得结构合理，穿着方便。因此这类服装的设计重点不是款式结构上的革新，而是局部细节的设计和变化。

需要强调的是，婴儿装的设计与成人装的设计方法有很大的差别，一些刚进入童装设计领域的设计师们往往不得要领。就女装设计而言，设计师根据品牌的总体定位来进行新款的设计与开发，女装的设计需要设计师具有极强的创新及开拓能

图2-19 西班牙发布的一组2020年春夏婴儿装色彩流行预测

图2-20 婴儿的外出服

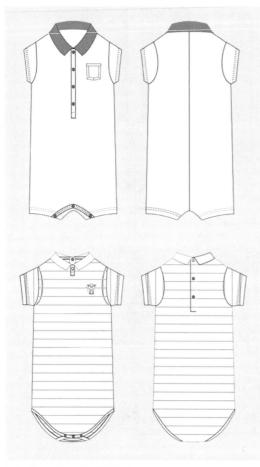

图2-21　某品牌夏季婴儿服

图2-22　以动物图案为底纹的婴儿连体衣

力。婴儿装与女装的设计全然不同的是，女性为了视觉效果的美观可能愿意忍受一些服装的不舒适性，但儿童尤其是婴儿，绝对不会为了服装的美观而放弃对舒适性的追求。因此，童装尤其是婴儿装的设计，舒适贴体是设计的第一要素。

图2-21是两款夏季婴儿连体服，从外观来看，两个款式极为相似，都是短袖，裆部使用按扣进行开合，且考虑到婴儿的头部较大，在开领的位置都增加了打开量，不同的是第一款以半开式门襟增加领口的扩展量，而第二款则以后开门襟的形式增加领口扩展量。两者相比，后开领的连体服不适用于婴儿睡眠，一般作日常服使用。此外，两个款式的设计并没有在服装的结构上进行大的调整和创新，只是在色彩及图案上进行了一些拓展。由此可见，一些装饰性的小细节变化会给服装带来全新的面貌。

三、图案设计

婴儿服装面积较小，考虑到布局的比例关系，一般很少使用大面积图案装饰。婴儿内衣非常适宜使用小型图案循环印花。图2-22是以动物图案为底纹的婴儿连体衣，图案大小适宜，四方连续式印花，这类连体衣在婴儿装中极为常见。

品牌Logo的卡通造型、中英文字母都是婴儿服装上常用的图案元素。图2-23和图2-24是某婴童装品牌的秋冬装内衣面料设计，前者采用品牌字母元素，并将之组合为鱼的造型，既体现了品牌标识，同时造型也生动有趣，适合婴童；后者以线条的方式组合了品牌的标志性娃娃图案、奶瓶、木马等元素，原本并不相关的一些元素在几何线条中达到了有机的统一。这两款图案将品牌的标志巧妙应用到

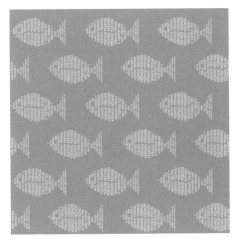

图2-23　某婴童装品牌的秋冬装内衣面料设计（1）　　图2-24　某婴童装品牌的秋冬装内衣面料设计（2）

了服装设计中，都属于小单元印花，非常适用于婴儿内衣。

根据季节的变化与流行趋势的不同，各服装品牌都会按一定主题推出系列商品。设计师可以将主体形象结合主题相关元素来设计婴儿服装的面料图案，可以取得不错的效果。

四、系列婴儿服装的设计

系列服装是指那些具有共同的鲜明风格、在整个风格系列中每套又有独自特点的服装，它们多是根据某一主题而设计制作的具有相同元素而又多数量、多件套的独立作品或产品。每一系列服装在多元素组合中表现出来的次序性和协调的美感特征，也是系列服装的基本概念。系列化产品是生活与美学相结合的产物，当今许多服装企业，在产品生产时都呈"多层次""系列化"的发展趋势，系列化的服装产品不仅在视觉上给人以美的次序性感受，而且在展示中突出了品牌形象和产品风格，便于人们记忆，也可以为消费者提供多种选择的优质服务，更能使消费者避免因高频率撞衫而尴尬的局面。

系列服装设计需从纵横两方面来考虑。从纵向考虑服装的功能性和单品服装在平面形式、立体造型、色彩搭配、面料肌理、结构处理、工艺技术、轮廓造型等因素方面的呼应；从横向考虑主要是单品服装与系列服装之间的逻辑关系，即服装内分割线曲直统一的逻辑关系、服装色彩搭配组合时对比协调的逻辑关系、面料肌理变化统一的逻辑关系、服装与服装之间在设计色彩、纹样、饰品的"共性"与"个性"呼应的逻辑关系，以及服装与服饰品风格的统一关系等。同时，由于人类具有社会属性，还必须考虑服装与人的关系、服装与生活环境的关系、服装的整体协调这样一个系统的逻辑关系。由此可见，系列设计完全是从整体上来研究设计中成组的服饰群体、系列服饰的形象、系列服饰的风格之间的逻辑关系，这亦是系列服装设计的特点。

婴儿装的系列设计有其特殊性。

（一）婴儿礼盒

所谓婴儿礼盒是指儿童用品的综合礼盒。这是婴儿装所独有的系列设计形式。

不少父母在婴儿出生前就开始为孩子准备各种日常生活用品，这种综合礼盒里面一般包括各类婴儿用品。按照用途来分，可以分为婴儿玩具组合、哺乳用品系列、婴儿纺织用品组合等不同类别。本文所指婴儿礼盒即特指最后一项——婴儿纺织用品。纺织用品涉及的概念比较复杂，既包含了婴儿的服装及服饰用品，也包含了婴儿睡袋、枕被等床上用纺织品。

系列化是婴儿礼盒的重要特征，此处系列化的重点是各个服装单品的组合。可以说，婴儿礼盒是否能够获得市场的认可，关键在于各单品组合的合理性。如：内外衣礼盒中除了上下衣组合、连体衫之外，根据礼盒价位的不同，还会搭配婴儿鞋、帽、手套、围嘴等不同的小附件；此外还有床品礼盒，包括抱被、枕头、毛巾等；毛毯礼盒，包括毛巾、婴儿毯等，如图2-25所示。

一般来说，礼盒往往会采取计"件"的搭配方式，即在一个盒子中按照一定的数目搭配放入不同的服装品类，并遵循上加下、里配外、大搭小的组合原则，配合上礼盒及礼袋，外观大气、美观。当婴儿出生时，孩子父母的亲戚朋友都会前来探望，不少人喜欢带上礼盒装的系列婴儿服装作为礼物。因此，婴儿礼盒很大一部分的销售量源自于这类礼节性的消费。图2-26为国外某童装品牌推出的婴儿装礼盒，其中包含了五件连体衫、一件T恤、三个婴儿围嘴、一双长筒袜。虽然礼盒装婴儿服装的组合价格往往高于各单件购买的价格，但经过包装组合，配上漂亮的拎袋，作为礼物显得大方好看，在市面上很受欢迎。

礼盒类的婴童服装，设计重点不在于单件服装的某一个局部细节，而在于各服装单件之间的系列感。由于购买婴童服装礼盒者以之送礼居多，自用婴儿服装消费者更倾向于按照实际需求单件购买。因此，婴儿礼盒的外包装、品牌的知名度对这类服装的销售影响较大。根据品牌及消费人群的定位不同，一般设计组合礼盒时还需结合品牌定位，按照高、中、低三个不同的价格档次进行服装的组合配比。此外，随着各品牌销售手段的不断提升，现在礼盒的造型已经不仅仅局限于"盒"的形式了，商家还推出了"礼篮"等不同的造型。设计师根据产品载体的实际情况，选择不同的单件组合搭配。

无论是礼盒还是礼篮，服饰单件的搭配基本原则是：大搭小，衣配饰。具体地说，就是在婴儿礼盒中，首先需要有主打的单品，如内衣礼盒中连体蛤衣或分体蛤衣即此礼盒的主打单品；而睡袋套装中，单或是棉的睡衣则是该礼盒的主打单品，即"大"单品，同时还需要搭配一些"小"单品（服饰品），如婴儿的帽子、小手

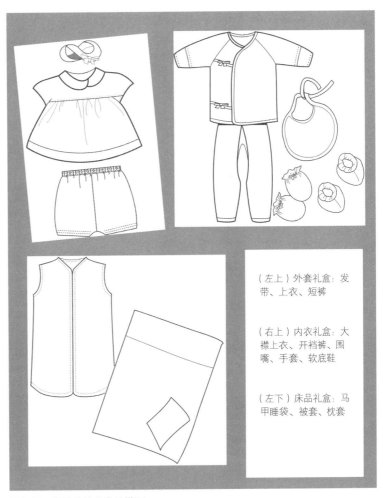

（左上）外套礼盒：发带、上衣、短裤

（右上）内衣礼盒：大襟上衣、开裆裤、围嘴、手套、软底鞋

（左下）床品礼盒：马甲睡袋、被套、枕套

图2-25 婴儿装礼盒常见搭配

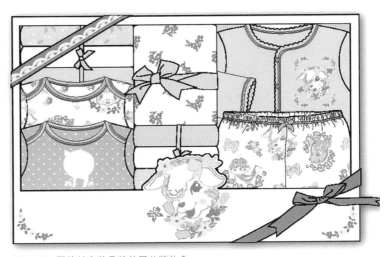

图2-26 国外某童装品牌的婴儿装礼盒

套、袜子、围嘴等，这样组合搭配的礼盒内品类齐全，设计礼盒内的布局也更加方便。婴儿礼盒内的单品计"件"，单品的件数不能太少，还需要考虑到我国的风俗习惯，不少商家在搭配礼盒的件数时会采用六、八、十等吉利的数字，在销售时更容易受到消费者的青睐。

　　婴儿礼盒中常见的小服饰单品有：围嘴、鞋袜、手套、帽子、手帕等，如图2-27所示。

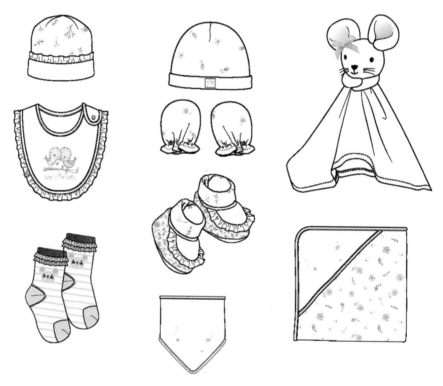

图2-27　常见的小服饰单品：婴儿帽、围嘴、手套、鞋袜、包被、口水巾

（二）产品系列设计

　　系列化也即Line，系统化的设计产品所表现的优越性，使系列思维设计近年来得到迅速的发展，并在现代设计中占有重要的地位。市场上不同品牌的系列服饰产品，在橱窗和专柜陈列或T台上，都以整体系列形式陈列和展示，以重复、强调、变化细节的系列化节奏产生出强烈的视觉感染力和刺激性。系列产品比单件产品的展示效果要强得多，服装作品或产品的整体效果及系列作品或产品的深度与广度，都以系列服装中各要素组合的凝聚力为手段使之得以展现。图2-28为国外某品牌的婴儿装系列产品，该系列中不仅包含内外衣、上下装，且还囊括了鞋、帽、领结以及眼镜、发夹等小饰品。系列服饰品款式、图案虽各有千秋，但是可以看出是围

图2-28　国外某品牌的婴儿装系列产品

图2-29 系列化产品设计

绕着同一主题展开的设计，搭配在一起非常和谐，可以明显看出单品之间的逻辑性。

一些品牌会提供给顾客自行搭配单件组合成礼盒的自助方式，在进行这种打包式销售时，系列化的产品无疑是最合适的选择。系列化的婴儿装既可用于礼盒的组合销售，也可以分开单独销售。图2-29中的上装、裤子、鞋子为同一系列下的童装产品，在销售时，顾客既可以单件购置，也可以在同一系列中寻找合适的单品来进行组合和搭配。

系列产品的主题不仅是设计的中心内容，同时也是产品的卖点所在。作为婴儿装的品牌，产品一般会分为常规化及临时性两种系列。以婴儿装礼盒为例，婴儿装礼盒的常规产品一般不会紧扣热点时髦、时尚，往往是按照性别色彩结合一些常规的儿童元素进行区分设计，如按照粉红、粉蓝区分男女婴童服装，并辅助以木马、甜点之类的儿童元素；有的品牌则使用品牌的标志色作为礼盒的主打色，如著名的婴童品牌"小黄鸭"，嫩黄软萌的色彩受到了消费者的喜爱。这些常规婴儿装礼盒是日常销售的主打产品，在任何时间销售都是不违和的。

系列产品中还有一种临时性主题，是对应不同的年份、节日等推出的产品系列。如很多童装品牌会结合新年的生肖元素设计生肖形象系列的主题礼盒，深受消费者喜爱。这些临时性主题系列产品具有非常鲜明的季节性，因此需要遵循"宜早不宜晚"的原则，即在节日之前提早推出，一旦过季销量会立刻下滑。应注意的是，中外文化存在差异，设计师需结合服装的目标群体谨慎选择设计主题，以免引起消费者文化免疫。图2-30为某国外品牌对应万圣节主题推出的婴儿装系列，设计师应用了骷髅、木乃伊等元素。万圣节主要流行于西方文化群体，如不列颠群岛和北美以及澳大利亚和新西兰。为了庆祝万圣节的到来，孩子们会在这天装扮成可爱的鬼怪逐家逐户敲门，要求获得糖果，否则就会捣蛋。万圣节在国外儿童的心目中绝对是一个值得期待的节日，这些运用万圣节元素的婴儿装在这些国家是能获得文化认同的；如今一些亚洲国家的年轻一辈也开始倾向于过万圣节，到了每年十月底，一些大型外资超市都会摆出专柜卖万圣节的玩具，小商贩也会出售一些跟万圣节相关的玩偶或模型，吸引年轻人的目光。虽然年轻人已经接受了万圣节这个舶来节日，但在中国人传统的思想中对于鬼怪还是心存敬畏的，对于婴儿装上装饰骷髅

图2-30 国外品牌对应万圣节主题推出的婴儿装系列

等元素的接受程度比较低，尤其是一些老年人，更是对这类元素持有抗拒的态度，这决定了我国能够接受这类婴儿装设计的仅为小众群体。不过对于不同的舶来节日，人们的接受程度是不同的。再以圣诞节为例，圣诞节是西方国家以及其他很多地区的公共假日，西方人民至少会提前一个月开始准备过节食材或装饰品等待最后的欢聚，虽然圣诞节并非我国的法定节日，但是每年圣诞节前夕，娱乐场所就已经开始准备庆祝节目，商场供应圣诞商品，街道一片红红绿绿的色彩，充满欢乐祥和的气氛。在我国，圣诞节消费也已经成为消费市场的新亮点，并有进一步扩大的趋势，很多童装品牌也适时推出圣诞主题的童装（图2-31），在圣诞来临之际掀起一波销售的小高潮。

图2-31 圣诞主题的童装

03
第三章

幼童的服装设计

第一节 幼童的生理特征及对服装的安全性需求

一、幼童的生理特征

所谓幼儿或幼童，是指13月龄至36月龄的孩子，他们度过了婴儿期，进入了幼儿期。这一时期的幼儿无论在体格和神经发育上，还是在心理和智力发育上，都出现了新的发展。这一时期生长的速度较婴儿期相对减慢，但身高及体重仍在迅速发展，并逐渐由低谷转而向上呈现马鞍形的生长趋势。

幼儿的生理特征如下。

体型：头大、腰挺，肚子比较凸，腰围大于胸围，背部的脊柱弯曲大，后腰内吸，从侧面看躯干部呈明显的"S"形。

体重：增加140%以上。

身体比例：头高与身长的比例约为1∶4~1∶4.5。

肩颈部：颈部长度增加，肩部增宽，但肩斜度较大，为29°~34°。

幼童在1~3岁内，头围全年增长2厘米；体格生长速度减慢，但仍稳定增长，体重稳定在每年增长2千克左右，身高每年稳定增加5~7厘米。幼童个体的生理不断地发展变化，身高、体重在增长，身体各部分的比例逐渐接近于成人，肌肉、骨骼越来越结实有力；更重要的是神经系统，特别是大脑皮层的结构和功能不断发展和成熟。从会走、会跳、会跑开始，接触外界环境相对增多。图3-1是1~3岁幼童的体型示意图。

幼童的思维具有两大特点，首先是具体形象性思维，其次是逻辑思维开始萌芽。具体形象性思维是幼儿思维的主要特征，幼童会结合已有知识和经验对外在感知的表象进行简化、压缩，形成新的形象。典型的例子就是：在这一时期儿童心目中的万物皆有灵性。

幼儿期是个体一生中词汇量增加最快的时

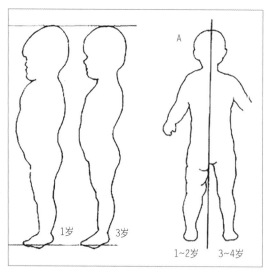

图3-1 1~3岁幼童的体型示意图

期。国内外关于词汇量发展研究表明，3岁儿童已经拥有一千左右的词汇量。

二、幼童服装的安全性需求

幼童活泼、好动，对一切事物充满了好奇——服装的安全性尤其重要。儿童作为不具备或不完全具备自我保护能力的特殊人群，其生活用品的设计和生产均有特殊的要求。儿童服装在设计和生产过程中，除了考虑威胁人类安全的常规因素外，还要考虑儿童的行为特点和心理特点。近年来，国际社会对儿童服装安全问题日益重视，相继出台多项法规以保护儿童身心健康发展。

（一）基本安全技术规范

强制性标准GB 18401—2003《国家纺织产品基本安全技术规范》对婴幼儿纺织产品提出了安全方面最基本的技术要求，婴幼儿纺织产品在生产、流通和消费过程中能够保障婴幼儿人体健康和人身安全。此标准规定婴幼儿服装属于A类婴幼儿用品，标准同时规定婴幼儿用品必须在使用说明上标明"婴幼儿用品"字样。

（二）幼儿服装常见的辅料绳、扣攀、链、线设计规范

幼儿服装拉带和绳索安全主要内容规范参照GB/T 22704—2008《提高机械安全性的儿童服装设计和生产实施规范》中对拉带和绳索的安全要求，同时参照GB/T 22702—2008《儿童上衣拉带安全规格》、GB/T 22705—2008《童装绳索和拉带安全要求》。

（三）尖锐物的安全性

童装小部件安全性逐渐受到重视，我国服装标准全面地阐述了有关儿童服装机械安全性的注意事项，包括童装材料和部件的采购、服装设计注意的细节、生产步骤到材料、服装的检验和测试等方面，尤其是尖锐物的安全性。

（四）小部件脱落的安全

GB/T 22704—2008《提高机械安全性的儿童服装设计和生产实施规范》对服装上部件脱落强度做了详细规定。

（五）燃烧性能

该标准规定了儿童睡衣及其纺织品的燃烧性能的试验方法，测定并根据其炭化程度评估其防火性能。该标准还规定了儿童睡衣用织物燃烧试验的水洗方法，所有儿童睡衣用织物必须进行水洗前和50次水洗后的燃烧性能试验。该标准仅适用于9个月以上及14岁以下儿童睡衣的燃烧性能判定。

第二节　幼童服装设计要点

这一时期的孩童已经开始蹒跚学步，但自我保护能力弱，尚未达到进入幼儿园的学龄，还需要时时刻刻有成人的照顾与陪伴。这一时期的童装设计，安全是首要的因素。

一、幼童服装的造型设计

幼童服装造型设计最重要的就是把握好围度及长度两个尺度。

从横向尺度上来看，这个阶段的孩子体型特征鲜明，没有明显的腰线，腹部鼓起，腰围大于胸围，所以无论是男童还是女童服装，本阶段的童装造型均不适合进行收腰设计，整体服装造型还是以简洁的A型、H型、O型为宜，如图3-2~图3-4所示。

幼童的皮肤细致嫩滑，因此贴体的服装应尽可能减少缉缝线，以保证衣服的平整、光滑，不致损伤皮肤。同时，贴体的服装版型不宜太紧身。

大部分幼童还需要使用尿布。虽然不少13~36个月龄的孩子在白天已经能够很好地自主表达排泄的意愿，一些幼童仅需要在夜晚使用纸尿布，但综合来看，这　时期的孩了使用纸尿布仍具有普遍性。作为面向大众的童装品牌，设计需综合考虑多数幼童的生理特征，总体原则应向下兼容。因此设计幼童的下装时，需考虑幼童穿着纸尿裤之后对两腿之间的扩张感，如果下装的臀围宽度预留不足，就会造成纸尿布和大腿之间的摩擦，从而可能会磨损幼童的皮肤。

从纵向尺度上来看，幼童的服装尤其是下

图3-2　H型幼童装

图3-3 A型幼童裙装

图3-4 O型幼童装

装的设计，需充分考虑裆长的尺度。设计幼童的下装时，需在裆长位置预留出纸尿布足水后的厚度，脚口至裆部可以使用平滑的按扣来进行开合以便成人为幼童更换纸尿布，也可使用闭合裆设计。图3-5为深受幼童父母喜爱的幼童"大屁屁裤"，裤子的臀围及裆长都有足够的宽松量。

总之，幼童的服装造型以实用、符合幼童的生理特征为前提，以牺牲舒适性为代价的造型设计是很难获得市场认可的。

图3-5 幼童"大屁屁裤"

二、幼童服装的开口设计

如前所述，幼童头大、腰粗、肩斜度比较大、好动。在这个年龄阶段，孩子穿脱服装都需要成人的帮助。

在给幼童套穿服装时，成人一般都是将孩子的头部套进领子，而后用一只手抓住孩子的手从袖子内部向外套穿，另外一只手则从袖口外部抓住孩子的小手。因此，幼童服装的开口设计需要与成人的手部尺寸相吻合。

领的开口设计：幼童服装用打开式门襟比较方便，如果是闭合门襟的套头式服装，考虑到幼童头部较大的特点，领口部位的开口不能太小。但幼童的肩斜度比较大，如果领开口过大的话，就会造成服装在肩部位置下滑，影响美观。幼童的肩斜情况如图3-6所示。

图3-6　幼童的肩斜示意图

图3-7　两种不同造型的肩部可开合设计

图3-8　领口可开合的幼童卫衣

为了解决这个矛盾，可以考虑将幼童服装的肩部设计成可开合式。图3-7是两种不同造型的肩部可开合设计，前者将前后衣片交叠，形成可打开式设计，为了防止服装洗涤之后变得松垮影响功能及美观，在肩部前后衣片的交叠处还使用了扣子进行固定；后者是单肩式打开，使用按扣进行连接。可开合的肩部设计不仅应用于贴体服装，也常用于卫衣等外穿服装的设计。这两种肩部的打开方式在童装中使用较多。图3-8是单肩可开合式儿童卫衣，肩部的开合使服装套穿起来更为便利。

袖口、脚口的开口设计：幼童的服装穿脱需依靠成人的辅助，故而幼童服装的袖口及裤子的脚口开口尺寸应至少能够使成人的手能顺利通过。为了更好地保温，幼童冬装使用收紧式袖口为宜，而夏装较宽的袖口则可以凉爽一些。

幼童虽已开始学步，但出行多是由成人抱在怀中。考虑到成人抱起幼儿时裤装会向上产生滑移，因此，秋冬季节的一些裤装设计会比较贴心地考虑一些细节，如在脚口位置使用收口的罗纹面料或内穿松紧带设计，以确保脚口位置保暖；再如，秋冬的上衣袖口也以收口式样居多，也是出于保暖的考虑。

系扣的开口设计：幼童的服装门襟以前开式为佳，如图3-9所示，或将门襟的闭合位置设计在服装的前胸、肩部或是侧边。也有一些特殊的服装，采取后开口式的设计，如幼童的反穿衣就是典型的例子，在进食时罩在幼童的外套尤其是秋冬外套这类难洗难干的服装上，短时间使用，可以很好地对所罩服装起到防油防尘的保护作用。

门襟连接件是幼童服装设计的重要元素。这一阶段的孩子活泼好动，不少孩子还处于口

图3-9　前开门襟式幼童外套

腔探索期，他们喜欢将一切能够取到的物件放进口中，因此幼童的服装连接件必须安全、牢固。幼童的服装一般使用拉链、按扣等连接件，如使用纽扣等附件，则须经拉力检测以确保牢固，以防止纽扣脱落被幼童误食；拉链及按扣因无需使用扣眼，即杜绝了幼童将手指塞入扣眼所可能产生的危险，相对更为安全。幼童装不建议使用绳带固定衣襟，一是这个阶段的孩子好动，在活动时绳带可能会与环境中的物件产生勾连，具有潜在的危险；其次是绳带如果被幼童拽松，脱落也是潜在的不安全因素。

三、服装辅料的设计应用原则

在设计幼童服装时，一些辅料的应用尤其需要引起设计师的关注。服装上常见的辅料如钉扣、附加的小装饰件、飘垂的绳带等，都需考虑是否会有被幼童拽落放进口中或是产生勾绊的危险。安全性是幼童服装设计最重要、最基本的原则，是幼童服装设计应用的准则，国际、国内对幼童服装辅料使用的安全性都有明确的规定。幼童服装的辅料主要包括绳、扣、链、线四大类。可以通过一些具体的设计案例来理解。

（一）绳

绳主要用于服装的领部、袖口、腰部、下摆、裤脚以及风帽的拉带。绳的设计原则为：当服装扣紧至合身尺寸时，带襻周长不超过15厘米，拉绳或带襻不能从童装背部伸出或系着，这是为了预防儿童在玩耍时因为拉扯绳带，或是绳带与周边物件勾绊而造成受伤的情况。如果在活动中服装上的绳带与周围的物件产生勾连，会给幼童带来很大的安全隐患。国内不止一次出现过幼童连帽衫上的装饰带被滑梯勾住造成儿童窒息的案例。图3-10中的幼童背心，前开襟绳带较长是不太安全的。设计师在进行这些细节设计时，需充分对安全性进行评估。如确需使用绳带设计，

应在符合相关规定的基础上进行设计创意。

　　冬季常见的幼童羽绒服,出于保暖的考虑,多数都会用松紧带收紧下摆。按照安全规范的要求,童装大衣下摆、裤口的绳子必须放在衣服或裤腿的里侧,拴紧时看不到绳带,避免绳带与外物相勾。

　　此外,一些需要使用绳带的装饰物也应充分考虑安全性,如儿童领带、领结、蝴蝶结等装饰物,大童使用时常见的方法是使用弹力带固定在服装的衣领位置,这样简便、易穿脱,但如果是幼童使用,更好的做法是去除绳带,将领带领结塑型后固定在服装上。如图3-11所示的女童肩带上的蝴蝶结,即已用缝线固定好形态,不会轻易脱散造成安全隐患。

图3-10　使用较长绳带的幼童背心　　　　图3-11　女童肩带上的蝴蝶结

(二)扣襻

　　常见的服装扣有纽扣、掀扣、暗扣、五爪纽扣等。幼童的服装用扣不能存在尖锐的边缘,这是因为尖锐的边缘容易刮伤皮肤。图3-12中的扣子由比较圆润的塑料制成,造型小巧可爱,很适合用于儿童服装。

　　口腔的探索是幼童认知世界、满足自己好奇心的一种手段,松动的扣子容易引起误食,因此一般不建议在幼童的服装上使用普通的线钉扣,而以钦纽、拉链等较为常见。此外,幼童尚未掌握将扣子穿过扣眼的技能,钦纽、拉链使用起来也比较简便;同时,因钦纽、拉链无需扣眼,也就不会发生幼童手指卡入扣眼的事情。如果因款式需要必须使用纽扣的，纽扣、襻带等必须要牢固，且扣子最好设计在孩子不易抓取的位置，如肩部等部位，并须通过拉力测试确保其牢固性（图3-13）。同理，一些比较细小、易脱落的装饰物也应避免在幼童服装上使用。

（三）链

链包括拉链和金属链条。拉链必须无尖锐边，带金属的部件在附入服装前要进行金属探测。

参照欧盟及其成员国对童装部件的要求，来了解幼童服装上拉链的使用规范。拉链是幼童服装上常见的配件，无论是贴体还是外穿的服装，无论是上装还是下裤（裙），拉链在幼童服装上起到了至关重要的作用。

首先，拉链需要满足BS 3084—2006标准对拉链性能的要求。当拉链接触到皮肤时，建议用带有塑料上下掣的塑料拉链；同时，拉链上止和拉链牙不应该有毛刺和尖的边缘，建议在使用拉链的部位加入内贴边。如图3-14所示的幼童外套，从拉链打开的位置可以看到有明显的内贴边，在靠近领口的拉链止口处，拉链上端使用了U型的止口面料，包裹住了拉链的齿牙。即使幼童在闭合拉链时低头，皮肤碰触到拉链的止口位置，也不会出现拉链夹住幼童皮肤的情况。此外，门襟位置使用的是塑料拉链，较金属拉链更为圆润，这些细节设计对儿童起到了很好的保护作用。可以说，细节的设计是幼童服装设计的基础，离开了这些贴心的呵护，仅有外观的美观是枉然的。

拉链是成人裤装上极为常见的配件，但在幼童的裤装设计上，拉链的使用应慎之又慎。尤其是5岁及以下男童裤子的设计，最好不要把功能性拉链用在门襟部位。可考虑使用替代的裤子结构，如粘合扣门襟、假门襟或松紧腰带，这不仅是因为幼童不具备自行穿衣的能

图3-12 造型圆润的儿童纽扣

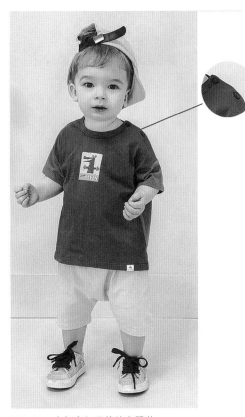

图3-13 肩部有扣子的幼童服装

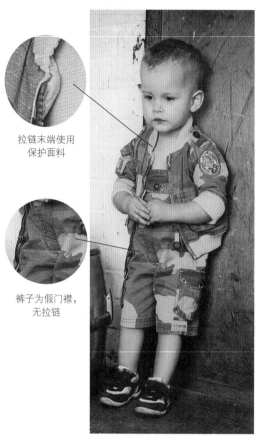

拉链末端使用
保护面料

裤子为假门襟，
无拉链

图3-14　细节设计考虑完善的幼童服装设计

力，同时更为重要的是可以有效防止拉链夹住男童皮肤造成夹伤。同理，设计男童带拉链门襟的服装时，均建议有一个至少2毫米宽的内贴边，在底部通过门襟开口缝合起来避免夹伤。

从拉链的材质看，塑料材质的拉链比金属材质的拉链圆润，幼童服装使用塑料拉链更为安全，这可以降低受伤的严重性。

如果童装上需要使用装饰的金属链，也必须保证金属链不能有尖锐边，并且确保其牢固性，运用在幼儿不易够取的部位，避免危险发生。

图3-15是一款儿童夹克，在肩部不易探取的位置用了金属链条进行装饰。但这并不是幼童服饰上常见的装饰手法。客观地说，我国童装市场规范性较欧美市场要差，甚至于一些在国内市场销售非常火爆的款式，在进入欧美市场时常会面临着被退货的尴尬局面，这也是中国童装设计师们值得深思的地方。

图3-15　肩部装饰金属链条的幼童外套

图3-16　多种线迹装饰的幼童T恤

（四）线

"线"主要是指对缝纫线的要求，儿童服装换洗频率高，必须保证缝线经过多次水洗后仍然牢固。具体细节为：

单丝缝纫线不能在儿童服装上使用；

服装手部或脚部区域的线头都要修剪得不超过10毫米；

缝制纽扣等小部件的缝线要有足够的强度，按BS 7907：2007规定的方法测试时要确保小部件不能脱落。由此可见，线在服装中的作用不仅是衣片的缝合这种单一的功能，同时还有很好的装饰作用。如图3-16所示的多种线迹装饰的幼童T恤，线迹多且线型多样，有很好的装饰效果。

小童及中大童的
服装设计

按儿童发展阶段区分，小童及中童期分别为3～6周岁及7～12周岁，大童期则是13～18周岁。从生活状况上看，小童及中童的生活状况最大特点是，他们已经进入幼儿园或是小学阶段，脱离了单一的家庭内部生活，开始集体生活，开始学习一定的自我照顾技能。大童虽也处于就学期，但是此时的孩子已经逐步开始显现两性特征，逐步进入青春期。

第一节　小童的服装设计

一、小童的生理心理特点

小童期又称幼儿期，此时孩子的身体发育速度较3岁之前有所减缓，但与后期相比，发展还是非常迅速的。孩子的身高每年约增4～7厘米，体重每年约增加4千克。新陈代谢旺盛，身体各部分的机能发育还不成熟，对外界的适应能力及对疾病的抵抗能力都比较差。虽然孩子的体型因人而异，但总体都是腹部鼓起，没有明显的胸腰臀的差别。

随着年龄的增长，小童的身体和手的基本动作已经比较自如，骨骼肌肉系统不断发展，大脑控制调节能力增强，儿童能够掌握各种粗浅动作和一些精细动作。语言的形成和发展使幼儿已经基本上能够向别人表达自己的思想和要求，幼儿具备了离开亲人去参加幼儿园集体生活的基本能力。

这一时期孩童的心理和行为的一个重要特征，就是他们开始认知性别的差异。起初，孩子由于男女身体上的差异和行为特征差异而对性别的区别产生兴趣，随后幼儿便知道自己是男孩还是女孩，开始习得同自己的性别相适应的态度和反应。在幼儿习得性别差异的过程中，父母及周围人给予的赏罚起着直接而巨大的强化作用。幼儿往往以同性家长为榜样，女孩子们玩当妈妈的游戏模仿母亲，尽量地学着母亲的温柔、贤惠和符合女性性别的行为；男孩子们则模仿父亲的男子汉态度和行为，希望自己像父亲那样威严、果断。

二、小童装的设计注意点

（一）服装廓型设计

　　这个时期的孩子活动量大，形体无胸腰臀的差，腹部鼓起，腰围大于胸围，因此这个时期无论是男童还是女童服装依旧是以宽松舒适为主（图4-1），服装造型以A型、O型、H型居多，一般不使用有明显收腰的服装廓型，以简洁为主。

（二）服装色彩设计

　　色彩对孩子的心理健康与个性发展意义重大，眼睛是孩子认识世界的窗户，色彩是组成世界的重要元素。3~6周岁是幼儿视觉发育的一个关键时期，其视力快速发展，逐渐能够分辨出色彩的细微差别。研究表明，幼儿的色彩视觉感受比较强，而在色彩情感、象征方面的感受比较弱。3~6周岁的幼儿能够在一定程度上识别冷暖

图4-1　造型宽松舒适的小童装

色，且多数孩子对暖色更加偏好。这个阶段的幼儿能够对色彩的轻重感进行识别，并且能够将感觉表达出来；3~6周岁的幼儿在色彩对比和调和方面的能力已经形成，已具备了一定的色彩搭配能力。从色彩的属性上来看，越是纯的、明亮度高的、饱和度大的色彩对视觉的刺激越强。如红、橙、黄、绿、蓝、紫等是视觉敏感色，容易引起孩子的注意。进入小童阶段，孩子的道德感、理智感、美感等高级情感开始发展。美感表现为对鲜艳色彩、和谐声音、明快节奏、丰富多彩的自然景色和劳动成果中所体现的美的向往和追求。他们已具备了一定的色彩审美偏好，不再局限于鲜艳、对比强烈的色彩，对色调柔和的色彩也开始产生兴趣。不少女孩喜欢粉红色系，男孩则喜好粉蓝、粉黄等色系。同时这一时期，孩子的自我意识强烈，对于喜欢或是不喜欢的色彩会有明显的倾向。

　　小童的思维特点是以具体的形象为主，3岁以后，小童就能够依靠自己头脑中的表象和具体的事物来进行联想了。能够摆脱具体的行动，运用曾经的所见所闻来思考问题。对于色彩，他们也会与日常所见所闻相联系，红色会联想到花朵、绿色联想到树叶、黑色联想到乌鸦等，他们会用一些情感词语来描述自己所看到的色彩，而且还会出现相应的反向情绪透射。因此，这一时期孩童的服装色彩应投其所好，明快的色调容易获得孩子们的青睐（图4-2），如果是较深的色调，则可以加大色彩之间的对比度，也能获得不错的效果，图4-3中女童深蓝色搭配白色波点的连衣裙，领口装饰红色的镶边，整体感觉依旧非常活泼明快。

图4-2　色彩明快的小童装

图4-3　色彩对比鲜明的小童装

（三）服装细节设计

3岁以后，儿童的生活发生了重大变化，多数孩童开始进入幼儿园。这种变化意味着，孩童从只和亲人接触的小范围，扩大到和更多的成人及许多同龄人一起生活的大范围。那些没有进入幼儿园的儿童，也开始在各种场合，和更多的人接触。

由于中国家庭的特殊性，在家一名孩童往往有父辈、祖辈等多人照料，有的家庭甚至出现了六个大人围绕一个孩子的照料形式，孩子几乎是饭来张口衣来伸手，完全不具备基本的穿衣技能。一般幼儿园或是托儿所会有多个班级，且每个班级孩童均在十人以上，每个班级配备两至三名教师负责孩子的教育及生活管理。进入幼儿园的孩童，离开了长辈无微不至的照顾和关怀，将学习一些基本的生活技能，如自己吃饭、穿脱衣物等学会自我照料。

对幼儿园的孩童来说，穿衣是必需的课程。一些幼儿园还会通过玩游戏的方式，激发孩子配合的热情。如：为了让孩子学习把胳膊伸进袖子里，老师会说"宝宝的小手要钻山洞了"，慢慢地，孩子就会自觉地把胳膊伸进去。教孩子学扣扣子时要告诉宝宝扣扣子的步骤——先把扣子的一半塞到扣眼里，再把另一半扣子拉过来，老师同时要配以很慢的示范动作，反复多做几次，然后让孩子自己操作。为了教会孩童自己穿脱衣服，有些幼儿园甚至还编撰了一些儿歌来配合教学，如教孩童穿开衫："抓住领口翻衣往背披，抓住衣袖伸手臂，整好衣领扣好扣，穿着整齐多神气。"教孩童穿套头衫："一件衣服三个洞，先把脑袋伸进大洞口，再把手臂伸进两边小洞洞，拉直衣服就好啦。"教孩子穿裤子"穿裤子，要注意，两腿叉开伸进去。穿上裤腿先别急，穿上鞋子再起立。两手抓住裤子腰，一直拉好盖上小肚皮。"此外，还有相应的教孩童脱衣裤的儿歌，如："拉下小拉链，两手开小门。左手帮右手，拉拉小衣袖。后面拉一只，前面拉一只。宝宝本领大，衣服脱好了！"这些生动的儿歌，以活泼的形式教会孩童穿脱衣物，对孩子起到了很好的教育启蒙作用。

这一阶段的儿童服装设计不再以家长帮助孩童穿脱为

设计出发点，而应以便于孩童自身穿脱为要点。童装设计师可以从以下几个方面来进行设计思考：

1. 领的开口设计

以服装的穿着方式区分，领的开口方式分套头式及开襟式两种。

两者相比，套头的衣服穿起来相对比较麻烦。虽然幼儿园老师及家长均会教授孩子穿脱服装的基本技能，但这个年龄阶段的孩子毕竟尚小，动手能力相对较弱，自我照料的能力相对不足。进入幼儿园阶段的孩童所穿着的服装以前开襟式更为便利。尤其是秋冬季节，江浙这些没有室内暖气的地区，孩子能够快速自行穿脱服装是非常重要的，套头类服装穿脱起来较慢，容易造成孩童着凉，当然，如果有家长的监护，这种麻烦就不复存在了。因此这一阶段的孩童入园的外套及毛衣类服装，以开襟式或是半开襟式更受欢迎，如图4-4所示。我国不少地区家长喜欢在冬季给孩子穿着一种"反穿衣"，即一种从背后系带或是用纽扣的罩衫，一般以薄薄的单层面料制成，这种服装罩穿在冬季厚质棉衣的外面，可以起到防尘的作用，毕竟单层罩衫清洗要比厚厚的棉衣便利许多。这种罩衫系扣在背面，孩子很难自行完成穿脱，而幼儿园老师要面对的是十几乃至二十几个小朋友，也无法很快兼顾到每一个孩子，因此这种服装一般只在家里穿着，如果孩子进入幼儿园是不推荐穿着的（图4-5）。

图4-4　小童前开襟外套

图4-5　小童反穿衣

2. 袖口、脚口的开口设计

小童有一定的自行穿脱衣的能力，或是借助成人的帮助可自行穿脱服装，因此小童服装的袖口及裤子的脚口开口尺寸无需过大。冬装使用收紧式袖口为宜，尤其是具有弹性的罗纹口，保暖舒适且在成人帮助孩童穿脱衣物时也不会过于束缚，而夏装较宽的袖口则可以凉爽一些。小童有时仍需要成人抱着行走，因此裤子尤其是秋冬裤装的脚口一般仍以罗纹口或内穿松紧带设计为佳，防止上滑并起到较好的保

图4-6　脚口使用罗纹的小童裤

暖作用（图4-6）。

3．辅料等其他设计细节

总体而言，童装的设计规范是着装者的年龄越小规范越多，条框越复杂。很多品牌童装，除婴儿服饰是一个单独的品类外，其他的品类很多都是一个款式生产多个尺码，幼童服装、小童服装，甚至大童服装没有特别明显的款式和年龄段区分。童装的设计规范遵循上可以兼下、而下不可以兼上的原则，幼童的服装设计规范可以兼容小童及大童的服饰设计规范，反之则不可。

如幼童服饰的绳带设计规则，在小童及中童的服装设计中同样适用；再如拉链，幼童、小童、中童乃至大童服装，塑料材质的拉链都是适用的，不同的是，大童服装上的拉链材质可以选择的余地更大。

不论是什么年龄段的孩童，都具有活泼好动的性格特征，在服装设计时安全是最为重要的设计原则。

第二节　中大童的服装设计

中大童的服装在整体的童装设计领域处于一个比较尴尬的局面，中童和大童均处于学龄期，在学校的学习时间要穿统一的校服。按照我国入学的年龄规定，中童基本处于小学阶段，大童则是进入初中及高中阶段的孩童。由于现在优厚的物质生活基础，孩童的营养均比较好，很多孩子生长发育迅速，甚至一些儿童在小学毕业时就出现了第二性征；到了初、高中阶段，一些12~18周岁的大童发育迅速，身高、体型已经与成人非常接近，甚至只能到成人的专柜选购服装了。

一、中童服装设计

中童即7~12周岁的儿童，这个年龄阶段恰处于小学阶段。这一阶段的儿童大部分活动时间都是在学校里度过，有的学校还实行了封闭式或半封闭式的教学管理。通常情况下，我国大部分地区的小学会规定学生穿着校服，有的学校规定每周特定日期穿着，有的学校则规定每天均必须穿着校服。结合他们这个年龄的生理和心理特征，也为了不让他们学习的时候被鲜亮的衣服分散注意力，无论是日常装还是学校制服，在童装设计上应避免过分华丽的色彩和烦琐的装饰。

总体而言，校服以统一、美观、简洁、大方为特点，如深蓝色、白色配以灰色点缀，让整体效果协调统一。燕尾造型的领结既活泼又美观，蓝色、浅蓝色、黑色、黑灰色搭配得非常和谐，有点小绅士和小淑女的感觉。校服的设计在后续将进行专题讲述。

日常装还是应依据具体的个人喜好和场合需要而定。我国的童装市场一般按照号型来区分服装的大小，小童、中童、大童的服装款式没有明显的分界线，相互之间存在兼容的情况。以小童和中童款式来说，同一款服装，小童按照身高可能会选择100的号型、中童按照身高则选择140的号型。同样的款式，企业会根据不同年龄段孩子的身材特点进行打板与制作。这样大小码兼容的童装，安全性准则自动向标准更高的小龄孩童服饰看齐。

进入小学高年级的孩子形体会逐步拔高，原先突挺的腹部会逐渐消失，一些女孩开始显现女性的特征。考虑到这个阶段的孩子活动量较大，因此服装的总体造型还是以A型、H型、O型等宽松的造型为主，较少会使用收腰等设计。服装设计依旧以安全性为准则，如一些学校就禁止孩子穿着领口有绳子的连帽衫到学校，就是这个道理。

二、大童服装设计的现状与问题

大童这个年龄段正是生长发育的高峰期，这个时期的服装既要能够穿着合身，又要能够适应身体体型的变化。国内市场上出售的此阶段童装存在断层现象，中童服和大童服装市场存在很大空白。按照身高区分的号型，一般商家将童装中最大的号型设定在160，这是一个比较尴尬的尺码：一些发育较快的小学高年级的孩子已经达到了160厘米甚至以上的身高，按照年龄算他们其实只是中童，很多在此身高以上的孩子，只能选取成人装中的小尺码来穿。

大童服装出现断层的主要原因有三：首先，如果购买童装的大尺码衣服，这个年龄阶段的孩子思想已经相对成熟，不少孩子会觉得过于幼稚，而不愿意穿。其次是从厂家的角度看，一些儿童生长发育较快，已经可以购买比较小尺码的成人服饰了，服装厂家很难把握这一时期的童装号型；加之这个阶段的孩子多数时候需要穿着校服，对校服之外的服装需求量不及幼童、小童及婴童，因此，服装企业也更加愿意着力于幼童、小童及婴童的服装设计制作。其三，目前国内的童装市场受到国外高档童装品牌的冲击，本身的发展空间受到了限制，在大童装的需求量相对较小的情况下，厂家认为单纯做这种年龄段的服装利润太少，毕竟未成年人的衣服定价不可能太高。而对家长来说，大童阶段的服装最为难买，孩子们生长发育得很快，需不断购置服装，而市场上也很难买到物美价廉适合本群体的服装。

我国童装市场按照号型区别孩童的年龄段，除了婴童装、幼童装的款式界限比较明显外，其他孩童的服装更多的区别主要是在号型上而非款式上。前述提到，小童和中童的服装款式区分并不明显，同样的，中童和大童的服装款式也没有鲜明的差别。一些服装品牌给同一款服装设计的号型跨度很大，甚至于从100到160均有顾及，这并不科学。虽然企业在服装的制板上注意了不同年龄阶段的体型差异，但是不同年龄阶段的孩子对服装的喜好还是有较大差别的，设计师应按穿着对象的审美差异进行设计。

三、大童服装的设计审美

从孩童的生理发育规律看，大童期也即青春发育期，这是发育的第二次高峰，孩子们的体态均发生了变化：男生表现为喉结突出，肌肉和骨骼发育坚实，体态显得魁梧。女生乳房隆起，皮下脂肪增多，形成丰满的女性体态。身体外形的巨变，内部机能和性的成熟等，对初中生的心理会产生很大的影响。这一时期的孩子实际上正处于一种幼稚与成熟的交接时期，也是形成世界观、价值观的时期，他们很容易受到文化的影响。新生的事物、时尚的传媒和高科技会对他们产生巨大的吸引，他们的着装开始受到社会文化的影响。

同时，同伴同学之间对某一事物的喜好是相互影响的，如某一时尚、某一文化现象、某一风格的服装抑或是某一风格的音乐，这些喜好在一个团体中会形成跟风的现象。如：倍受社会关注的哈韩、哈日、哈欧现象，可谓是青少年服装心理的集中体现。随着互联网的普及，外来文化越来越多地出现在人们的日常生活中，而应青少年性格和喜好而流行的文化直接影响着青少年的思维和行为。

这一阶段的孩子服装设计的原则是：总体理念上，要符合青少年心理诉求，以时尚、亮丽、简约、活泼、活力、青春等为原则，展现青少年阳光、青春的性格特征；在外观上，要给人简约、流行元素多、新颖独特的感觉；在色彩搭配上，要以明快、中暖色调为主，把青少年积极向上、充满活力的特征展现出来；在服装的搭配上，力求上下统一协调，整体性感觉要强。如图4-7所示，色彩明快，富有活力，充满朝气的大童服装。

（一）色彩与图案

中童及大童处于学龄期，所穿着的服装粗略可以分成两大类：校服、便服。大

图4-7 色彩明快，富有活力，充满朝气的大童服装

多数中小学校服所用的彩色多为蓝色、灰色、绿色等色感比较平稳的色彩。为了避免降低孩子的听课效率，校服的色彩宜简单大方，这些柔和平稳的色彩，既有孩童的朝气又不失学院的含蓄。而在学校以外穿着的服装即便服，在服装设计时色彩的应用灵活度就比较大。设计师在设计时可以从几个方面加以考虑。

1. 色彩的实用性

　　服装的色彩在潜移默化中对儿童的身心能够产生积极或是消极的影响。童装的色彩设计除考虑流行时尚的因素外，设计师更应该重视对孩童的身心研究，了解不同年龄段的儿童对色彩的心理适应。研究表明，4~6岁的儿童至少能够认识四种颜色，并具有了一定的颜色分辨能力，能够认出比较突出靓丽的色彩。而中童、大童，是儿童各方面全面发展的时期，这一时期儿童的着装颜色对儿童的心理素质具有很大的影响，如：明亮柔和的色彩有助于儿童形成开朗、自信的性格特质；晦暗深涩的色彩具有压抑、沉闷的色彩性格等。

　　童装色彩的实用性还表现在有时色彩还能对孩子的安全形成一定的保护。不同波长的色彩在视觉上具有前进性或是后退性的特性，如红色、橙色比较鲜亮的色彩就比较醒目，如果在天色灰暗的阴雨天，孩子穿着色彩光鲜、反光性强的衣服，容易引起人们的注意。反之，如果穿着灰暗色或是与周围事物颜色相近的服装，则易被驾车司机忽略容易发生交通事故。因此，儿童外出尽量穿色彩鲜艳的服装，晚上则最好穿反光性强的服装，醒目的色彩可以引起驾车司机的注意，更好地保护儿童的安全。服装色彩在童装中的重要作用由此可见一斑。

在童装设计越来越人性化的当代，人们对童装的设计需求也不断地发生着变化，对于童装的色彩运用，要充分考虑到儿童心理成长及其对色彩的承受能力，要使得童装的功能、外观效果最大化地体现出来，做到既实用又能给人以视觉上的享受。设计师在设计童装时要充分考虑到各种细节，让童装的保护措施更为完善，促进孩子健康快乐地成长。

大童的服装色彩，既要区别于幼童、中童服装绿、橙、红色调的鲜艳、夸张，又要有别于成年人灰、黑色调的稳重，多以流行、时尚的欢快颜色为主，符合青少年的心理特征。

2．图案的应用

处于青春发育期的大童或称少年，文化对他们的心理影响是巨大的。设计师在设计这个年龄阶段的孩子的服装时，可以综合考虑这个年龄群的流行文化、偶像风尚等。例如，曾经的日式二次元的漫画在这个年龄群体风靡一时，相关印花的T恤、饰品也让商家们尝到了甜头。

这个阶段孩子服装的图案设计灵感来源是多方面的，很难一言道尽，但有一个总的方向是：这个阶段的孩子属于"小大人"的成长期，对于幼稚的图案有着天然的抵触感。他们实际上处于一种半幼稚、半成熟的状态，这个时期是他们形成世界观和价值观的时期，是他们独立性与依赖性、自觉性与幼稚性错综矛盾的时期，非常容易受到文化的影响。设计师应参照青少年的日常生活环境，结合青少年的思维特点，了解青少年关心的事物，要多从文化和环境中思考，从中捕捉精髓的元素作为设计灵感来源，以设计出孩子们喜欢的题材。如时尚体育休闲活动、流行的卡通及漫画、电玩、网络、流行音乐、偶像剧、电影、科幻探险、体育巨星和时尚代表人物的装束等，这些均是设计人员必须注重的灵感来源。如图4-8所示，体现多元文化的大童服饰，童装的设计灵感来源广泛。

（二）款式细节

考虑到这个时期孩子的生理心理特点，这一阶段童装设计应以简洁大方为主，以突出体现时代潮流，如：牛仔系列装、以实用性能为基础的运动便装、时尚休闲装等。这个时期的孩子好动、体能好，对各类运动有着别样的喜好，如打篮球、踢足球、滑雪、徒步跋涉等，均能激活孩子的心灵和情趣，因此休闲运动服及休闲运动装备深受初中学生的青睐。

学龄阶段的孩童装，服装款式以宽松为宜，无论是小学生还是中学生，宽松的服装款式都有利于他们的生长发育，同时也非常适合中小学生较大的活动强度。服装款式应大方简洁，如果款式过于暴露，对青春期发育的中学生心理发展及学习环

图4-8　体现多元文化的大童服饰

境都会带来不好的影响。这些学龄阶段孩子的服装设计，可以在细节上多加考虑，如衣领、口袋、腰带、裙边、袖边等处可进行变化，或设计成不同的样式和图案。小学阶段的孩子服装总体风格应活泼、具有朝气；中学阶段男生的服装要体现出阳刚之气和青春活力，女生的服装则力求文雅秀美，总体服装风格应适合时代潮流，使中学校园充满朝气，又不失严谨认真的学习氛围。

童装的图案设计

第一节　不同题材的童装图案设计

童装设计既要体现实用功能和审美功能，在一定程度上还要起到教育作用。装饰图案不仅可以美化童装，也对儿童成长具有潜移默化的影响，能促进儿童的心智成长。图案设计是童装设计的灵魂，是童装的视觉中心，代表着童装的文化品位，一直被设计师所重视。前述章节中，在不同年龄阶段的儿童服装设计中概述了该年龄段童装的图案设计总体原则，但由于图案是童装设计重要的组成部分，尤其是婴童装的设计，受婴童生理特征的约束，设计师很难进行突破性的款式创新，常常会把设计重点放在图案的设计上。因此，将图案设计单列一章进行叙述。

可以说，童装设计离不开装饰图案。童装装饰图案的题材丰富，以充满情趣为显著特征，在设计时并无特定的限制。如人物、花卉、玩具、水果、文字、风景建筑、几何、科普、民族传统图案以及综合图案等，均可以成为童装图案设计的题材。童装的购买者是成人，童装的穿着者是孩子，童装的图案应选取父母能够认可，同时儿童能够喜爱的题材。常见的如动物、植物、卡通等图案均深受儿童的喜爱，具有童趣特点。

童装图案设计是童装设计的重要组成部分，童装图案来源于儿童的生活，根据图案的内容题材分类可分为卡通图案、文字图案、花卉植物图案、动物图案、抽象图案、中国画图案等。童装的图案设计有其独特的方法与规律。图5-1是常见的两种童装图案，前者是植物形象的组合，后者是拟人化了的动物形象。

一、卡通图案

"卡通"一词是由英文的"Cartoon"音译而来，主要是指漫画、动画片。卡通这种艺术形式最早起源于欧洲。在17世纪，英国的报刊、杂志上就已经出现了大量类似于现今漫画的插图，但是由于当时缺乏专职的卡通画家和固定的风格，所以当时的插图还不是真正的卡通画。随着报刊出版业的发展，到了18世纪初期出现了专职卡通画画家，这时期的卡通画多取材于社会风俗、政界名流，以幽默、讽刺含蓄风格居多。20世纪初，彩色印刷术的发明使彩色漫画也开始出现在人们的视野中。1928年，闻名世界的华特·迪士尼创作出了第一部有声动画《威利汽船》，此后大量的卡通电影像雨后春笋般不断地涌现出来，在以后的岁月里一直保持着较快的增长

图5-1　常见的两种童装图案

速度。20世纪初期，国外卡通电影的突飞猛进也促进了中国动画的发展，如万氏兄弟在1926年拍摄的我国最早的动画片《大闹画室》，他们将中国传统文化融入卡通电影中，证实了中国动画同样具有迷人的魅力。现今卡通电影在中国已有80多年的历史，经过几代人的不断努力，中国的卡通电影不断发展壮大，消费市场潜力十足。

　　卡通是最常见的童装图案，是童装设计的重要组成部分，是童装不可缺少的装饰语言。随着社会经济的发展，人们对儿童服装的品质要求越来越高。以前的童装仅仅追求实用性、功能性，并不强调流行时尚。如今的童装和流行的距离越来越近，童装也和成年人服装一样追逐时尚元素。这些变化都对我国童装设计提出了新的要求，消费者的需求开始直接影响企业的设计和销售，企业只有按照消费者的实际需求来设计童装款式才能受到市场的欢迎。而图案往往是童装设计的主角，精美的图案会带来强烈的视觉惊喜，使平淡无奇的服装成为佳作。装饰卡通图案的童装产品正是这个时代背景下的产物。现在卡通图案在童装设计中逐渐扮演了越来越重要的角色，成为满足儿童文化、生活的产品之一。图5-2是以知名动画片《海绵宝宝》的形象设计的童装，这部动画片的观众以十岁以下的孩子为主，以海绵宝宝形象为图案势必会受到这个年龄层儿童的喜爱。

　　童装的图案设计要贴心，要不同年龄阶段的儿童看得懂，卡通图案就有此特征。国外童装设计很大程度受到动漫的影响，童装图案上可以看到很多卡通的形象，如迪士尼卡通形象米奇、狮子王、史努比等随处可见。国外童装图案具有一个重要的特点，即除了具有丰富的想象力，用简练、夸张、充满趣味，甚至抽象的手法对各主题进行再创造外，还特别强调图案的个性化和艺术手法上的拟人化，以此增强图案的魅力。比如动物、花卉，乃至字母、数字等都可被设计者巧妙地融进生动的图案中，启迪孩子对学习的兴趣，引导儿童进入智慧的殿堂。卡通形象很多都

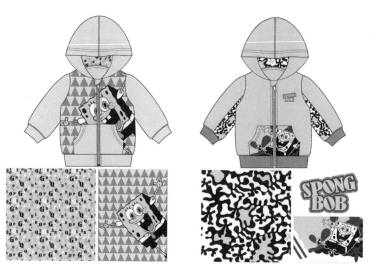

图5-2　以知名动画片《海绵宝宝》的形象设计的童装

是儿童熟知、喜爱的动画片中的形象，动画片对孩子有深深的吸引力。孩子对卡通形象印象深刻，动画片一定的故事情节使之有血有肉，性格分明，当卡通形象经设计师重新设计组合，以新的形式出现在童装上，自然会受到孩子们的追捧，他们会非常直观地将对动画片中形象的喜好延伸至服装上。卡通形象可爱与丰富的造型特征，使其作为设计元素得以在童装设计中被广泛运用，让孩子时尚又不失童真。在童装图案设计中，卡通图案占有相当重要的比例，是图案设计的重点。

卡通图案的主要风格特点是夸张变形，使动物（或人物）的特征更加鲜明，更加典型且富有感情，并有着加强叙事和传情的效果。如头像的夸张、神态的夸张、形态的夸张、动作的夸张、环境的夸张等，追求变形而不失真，既夸张又传神的新形体。以强烈的造型、色彩，使原形得以突变，从而创造出受消费者喜爱的艺术形象。

（一）卡通形象的年龄区分

需要注意的是，不同年龄阶段的儿童对于卡通的偏好是不同的。国外一些动漫公司对于动漫的年龄区分非常仔细，一些国家从四五岁开始几乎每一个年龄段都有自己的动画分类。如，英国BBC电视台出品的天线宝宝是针对从12个月至5岁的婴幼儿所设计的卡通形象，他们以红、黄、绿、紫这些基本色彩区分角色，单一颜色很容易辨认；他们有着看上去非常柔软的身体，总是在做着非常简单的、重复性的动作，如唱歌、跳舞、追跑等，他们的语言具有统一性，容易被记忆和模仿。再如，进入小学的儿童，心理上逐渐摆脱原始的幼稚，并且开始对英雄充满崇拜。这一时期的孩子喜欢冒险、英雄对战的主题，对魔法产生兴趣，如图5-3所示的超级英雄图案的男童T恤，图案是复仇者联盟系列的超级英雄蜘蛛侠，这个形象深受男孩子的喜爱；而当进入小学高年级后，儿童们则开始具有逻辑性，喜欢秘密性的事物，能够做简单的科学思考。动画片名侦探柯南及魔卡少女樱就是针对这一年龄层的孩子而创作的。柯南着重推理探案，对于开始具有冒险精神和正义感的儿童而言，是非常具有吸引力的；少女小樱在动画片中不断使用卡片和魔法进行变换，帮助有困难的人，充当正义的使者，这些都深深吸引着观看动画的儿童的心灵。卡通高达系列作品主角本身也是青年人，动画片有着非常明显的青年属性，因此他们之间的爱恨情仇、对理想的追逐、对现实的无奈都会在青年人心中引起共鸣……

（二）卡通形象的文化区分

再者，图案设计还需要考虑不同文化背景下孩子的喜好差异。如美国儿童喜欢的钢铁侠形象，其在中国的受欢迎程度与其在美国是不可同日而语的。中国不少孩子喜欢的卡通形象，如动画片《熊出没》里的熊大、熊二、光头强等卡通形象，动画片《喜羊羊与灰太狼》中的喜羊羊、灰太狼、美羊羊等形象，喜欢的人群也主要集中于中国的幼童人群。因此，在设计童装图案时，对卡通形象的喜好人群分析是极为重要的，文化群体也是一个重要的因素。

中国经典动画片《黑猫警长》曾在20世纪80年代风靡一时，这批动画片的小观众们如今也长大成人，并为人父母。以动画片中的老鼠形象为T恤的图案，对于曾经的观众而言还是具有独特魅力的，他们不仅自己会购买这样的服装，对于影片中动画形象的喜好在他们给子女购买童装时还会体现出来，这样的经典形象为童装图案积聚了两代人的情怀。《米老鼠和唐老鸭》也是在80年代极为盛行的动画片，几乎每个看过这部动画的孩子对片头欢快的音乐及那句"演出开始了"都记忆犹新。虽然两部动画流行的时间是相近的，但是它们归属于不同的文化背景。后者集数多，加之有美国迪士尼公司的强大背景支撑，在迪士尼文化的推动下，直至今天在孩童心目中还是有着特殊的地位。以米老鼠形象为童装图案，对童装的购买者——成人、童装的使用者——儿童，均有较强的吸引力。图5-4代表不同文化的T恤图案。

图5-3　超级英雄图案的男童T恤

图5-4　代表不同文化的T恤图案

图5-5　装饰米奇形象的女童裙装

（三）卡通形象的性别区分

性别区分也是童装图案设计考虑的重要因素。通常，进入幼儿期后男女童开始产生性别意识，他们对于卡通的喜好开始会产生明显的区别。成人在购买童装时，也会按照常规的性别符号定义男女童应该选择的服装图案。一些拟人化的卡通形象本身也有男性或是女性形象的区别。如迪士尼经典形象米老鼠有米奇（男）和米妮（女），唐老鸭（男）、黛丝（女）。即使是没有性别区分的卡通形象，也有很明显的性别符号，如：男童一般会对汽车、飞机、武器、狮子、老虎等偏阳刚的形象感兴趣，女童则偏好于花朵、公主、小鹿、小猫等柔弱、可爱的形象。不过相对而言，女童服装上的图案使用范围比男童要广泛，性别符号的限制并不严苛，如：女童服装上装饰着米奇、唐老鸭、汽车等图案并不罕，图5-5即为装饰米奇形象的女童裙装；反之，男童的服装上则较少见花朵、米妮等常规思维中定义为女性性别符号的图案，即使有这类图案，但大多不是服装的主图形象。这或许与人们的思维定式有一定的关系——人们比较容易接受女孩子假小子的造型，却很难接受男孩子有女性化的趋势。

需要注意的是，童装产品属于卡通形象的衍生品，童装图案设计时如需使用这类卡通的形象，须获得品牌授权以免造成侵权。国内童装企业很多缺乏自我保护意识，他们在品牌经营中投入大量资金，但对于品牌保护方面往往投入不够，导致屡屡发生侵权事件。卡通形象作为品牌的核心内容，是童装品牌可持续发展的根本所在，出现侵权或是被侵权问题会对童装品牌产生极其不利的影响。

（四）卡通形象的品牌区分

对于一些拥有品牌Logo形象的童装而言，以自己品牌的卡通标识为童装图案既可以起到装饰的效果，同时还能很好地宣传自己的服装品牌。典型的童装品牌如巴布豆，品牌主体形象就是一只可爱的小狗；童装品牌博士蛙，主体形象是一只戴着博士帽的小青蛙；此外还有童装品牌如小黄鸭、绿盒子、小猪班纳等，这些童装品牌都有自己品牌的标志卡通形象，这些形象生动、具象，有很好的辨识度，也会穿插于该品牌各季的童装设计中。图5-6、图5-7，分别为知名童装品牌某小鸭婴儿装及某小猪的女童T恤，服装图案都或多或少地使用了品牌的标志形象。

图5-6　知名童装品牌某小鸭婴儿装　　图5-7　知名童装品牌某小猪的女童T恤

　　在设计这一类童装时，设计师不能随心所欲地进行天马行空的创意，必须按照品牌的定位进行构思，不能与之相悖。某合资企业著名童装品牌，其主体形象由日本设计师创作设计，共有一千多个各色形象，并汇聚成册。设计师们运用品牌标识进行图案创作时，就需要将标准册中的形象结合相关主题进行创意。例如，当涉及太空主题时，可选择典型性的卡通形象，给之加上太空主题的相关服装、道具；涉及郊游主题时，则以典型形象配合花草、点心等图案。如图5-8所示为品牌结合太空主题的卡通形象设计。

图5-8　品牌结合太空主题的卡通形象设计

图5-9　品牌童装卡通形象的多表情设计

图5-10　品牌卡通主体形象与它的朋友们

这些卡通形象的性别区分也是与大众心目中的性别定位相符的。如：男性的形象勇敢刚毅，穿着T恤短裤，女性形象则可爱美丽，有着长长的睫毛，穿着漂亮的花裙子。品牌童装较好地区分了男女童装，也便于设计师进行下一步的设计。

品牌在设计主体形象之初，为了更好地塑造品牌的主体卡通形象，还为这些卡通造型塑造了多个表情，多角度表现卡通形象的个性。图5-9是品牌童装卡通形象的多表情设计，使整体形象更为丰满。

一些童装品牌为了让品牌主体卡通形象更加丰满，获得儿童的喜爱，甚至还投资相关动漫创作，以动画片的形式让品牌主体形象"活"起来，让品牌的卡通形象走进儿童的生活、走进儿童的认知，从而带动服装的消费。一个有趣的现象是，这些卡通形象均不是单一的，而是在其周围有着很多个性各异的朋友甚至敌人，这些衬托性的卡通形象定位，不但衬托了主体，同时也丰富了卡通形象的设计内涵，如图5-10所示是品牌卡通主体形象与它的朋友们。如米奇、米妮的朋友唐老鸭，喜羊羊的朋友暖羊羊、经典敌人灰太狼等，都是基于这样的目的而设计的，同样获得了人们的喜爱。

多数的童装企业并不满足于产品仅局限在幼童、大童等某一年龄阶段，许多童装品牌希望能够涵盖更多的儿童年龄段市场。因此，在主体卡通造型上，特意打造出不同的年龄差别，如迪士尼著名的米奇米妮造型，在应用于幼儿装时，为常规的短裤、T恤或小花裙造型，而应用于婴儿装时，则为粉蓝或是粉红的BABY装造型，卡通造型的年龄定位非常明确。

二、花卉图案

花卉图案是现代图案设计中最为重要的内容之一，是各种装饰艺术中最为广泛运用的题材。服装面料设计、陶瓷装饰纹样设计、装潢的标志设计以及环境艺术设计中墙纸及地毯纹样的设计等，无不包含花卉图案的设计。自古以来，花卉图案是中外服装装饰不可或缺的题材。在中国的传统文化中，花卉图案有着深刻的寓意，

图5-11　花卉图案适用于不同年龄段的童装

代表吉祥如意，象征物丰人和，如牡丹花开富贵，菊花人寿年丰。中国人特别地喜爱花卉图案，将花卉图案用不同的形式、不同的工艺点缀在服装上。花卉图案适用于不同年龄段的孩童，图5-11中的婴儿装点缀以清新的花草图案，衬托出婴儿娇憨可爱的模样；少女裙装上的花卉图案朴素雅致，两者均起到了很好的装饰性效果。

　　花卉图案色彩鲜艳、形态万千，在童装中的运用广泛，表现形式多样。女童裙装面料上的提花、晕染效果的图案，或是水彩风格的大型花卉图案，都各有特点，装点着孩子们的服装。

三、动物图案

　　比起花卉图案，动物的图案对儿童更具有吸引力。大自然充满神秘的色彩，动物的存在为大自然增添了无限生机。在儿童尤其是幼童的意识中，万物皆有灵，孩子们把动物看作朋友，装饰着动物图案的童装也更加容易使儿童产生亲近感。动物形态结构比植物要复杂，其丰富的动态变化、生动的表情，给童装的图案设计提供了丰富的素材。动物图案设计重点在于变化，注意动物神韵的传达，注重表现个性化的造型，突出夸张的动态形象特征。

　　天上的飞禽、地上的走兽、水中的游鱼，各种可爱的动物造型经常出现在童装图案中，常运用提炼、夸张、添加、几何、拟人等多种巧妙手法，将经过艺术加工后的形象展示出来，创作出形象生动、特征明确、装饰完美的图案形象。尤其是夸张的造型和人物化的表情，增添了可爱的情趣，更容易被儿童接受。随着科技的发展，数码印花技术为图案设计打开了新的大门，服装图案不再受到普通印花套色的限制，可以表现出极为细致的效果。图5-12数码印花动物图案的童装，动物的形象逼真生动、具有视觉冲击力、富有个性。

图5-12　数码印花动物图案的童装

　　需要指出的是，卡通图案虽然指的是动画片中所出现的形象，但并不是一个独立的图案种类，花卉、植物、动物等造型也囊括其中。在西方，卡通可以指壁画、油画、地毯等的草图、底图，也可以指漫画、讽刺画、幽默画等。在中国，卡通、卡通电影与动画片的含义是一致的。可以这样说，卡通形象是其他的图案形象的特殊分支。图5-13是恐龙图案的儿童秋冬毛衫，衣身采用了大花型的恐龙提花图案，恐龙的色彩与毛衫的底色搭配相得益彰，

图5-13　恐龙图案的儿童秋冬毛衫

袖子位置则使用了恐龙脊背造型的局部小提花，与衣服前片的大花型形成呼应，设计得十分巧妙。

四、交通工具

交通工具是现代人生活中不可缺少的一部分。随着时代的变化和科学技术的进步，交通工具的种类越来越多，给每一个人的生活都带来了极大的方便。陆地上的汽车、海洋里的轮船、天空中的飞机，大大缩短了人们交往的距离；火箭和宇宙飞船的发明，使人类探索另一个星球的理想成为了现实。也许不远的将来，人类可以到太空中去旅行观光，每一个人可以到另一个星球去考察学习。似乎很多孩子都会有一段迷恋交通工具的时光，有喜欢公交车的孩子，对于不同公交车之间的差异一清二楚；有喜欢地铁的孩子，小小年纪就可以把一个个地铁站名和换乘站点记得清清楚楚；还有很多对各种小汽车如数家珍的孩子，不少孩子的玩具柜里面更是包罗了海陆空各个领域、各种形式的交通工具。这些大大的钢铁装置，在他们眼里，似乎有着神奇的魔力。

交通工具是童装里面特别经典的一个图案品类，不管是什么年龄阶段，不论是男孩还是女孩都很喜欢的一种图案。当然，童装上的交通工具都是图案化的，会根据孩童的年龄阶段进行适当的设计处理。一般而言，年龄比较小的孩子童装上的交通工具形象多采用拟人的手法，造型比较可爱；大一些的孩子童装上的交通工具形象可能会偏写实一些……没有定律，设计师会根据服装的具体风格、具体的年龄定位进行设计和创作。如图5-14所示印有交通工具图案的童装，男童们所着的T恤、衬衫上印着比较写实的汽车、自行车、帆船的形象，这类图案尤其令男童着迷。

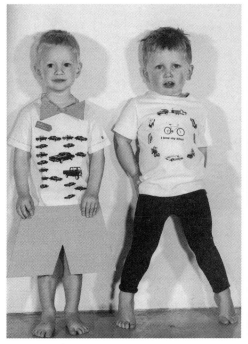

图5-14　印有交通工具图案的童装

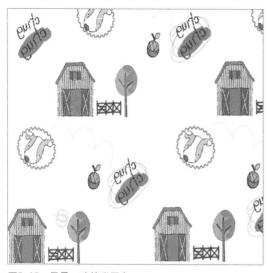

图5-15　风景、建筑类图案

五、风景、建筑等

这类图案包含了自然的风景、城市的建筑等，既可以是写实的风景或是建筑图案，也可以是抽象的图案造型；既可以是完整的风景构图，也可以是局部树木花草或是单一建筑物的图像。这类图案取材于生活，是不同年龄阶段的孩子能够看懂、能够理解的，因此在童装中使用也非常广泛。根据童装种类、风格的不同，有着极为多样的表现形式。图5-15所示的风景、建筑类图案，童装图案主题即房屋及风景，简单的图案构成配合花体英文字母，色彩浅淡素雅很适合用作春夏贴体服饰面料。

六、文字图案

文字图案可以分为指意性图案和装饰性图案两类。文字本身具有表达某种意思和传递信息的作用，而经过夸张、抽象变形处理的文字，具有图案性质的装饰作用。指意性文字图案大多传达的是企业的商标、标识为主体的商业广告信息，更多的是宣传作用。而装饰性图案更多的是借助变形后的文字具有装饰性这一特点，并不表达文字本身的含义，纯粹是一种视觉表现形式。文字图案具有丰富的表现性和极大的灵活性，无论哪种文字都有颇多字体、字形，选择余地很大，文字具有鲜明的文化指征特点。任何一种文字都明白无误地指明了它所属的国家、民族或地域，它所涵盖的意义和引发的联想远远超出了其自身的内容和形式。文字式图案在童装设计中应用较多，尤其是一些大童的T恤、卫衣等常以文字为图案，如图5-16所示。

文字形象的塑造主要是字体的设计和文字间的排列组合。它以文字为基本元素，通过局部的形象置换进行创意设计而达到信息传播的艺术表现形式。文字图案多为追求自由、奔放、随意，甚至笨拙、怪异的风格，极力表现出夸张、稚拙或古旧、异域的特点，显露着淳朴、自然、个性化的倾向。文字与文字之间的组合排列、大小、间隔、比例等方面的处理也非常自由灵活，极力寻求标新立异，形式多样。

由于文化的限制，我国民众除中文以外认知最为广泛的国外文字是英文。因此，中文和英文也在我国各类服装图案设计中使用比较广泛。汉字具有独特的外形与意蕴，或许是由于汉字设计变化较英文字母难度要高，设计方法较难掌握，在童装乃至整个服装设计领域，汉字的图案使用频率远低于英文字母，这也是服装设计中极为遗憾的地方。

仅以文字为图案，难免会显得效果单一缺乏活力。设计师在设计时应根据儿童的年龄阶段特征，对文字进行相应的再设计，如改变文字的造型（图5-17）、以文字为面料底纹或是与其他图案组合等，均可以取得不错的效果（图5-18）。

图5-17　经过变化的英文字母图案

图5-16　使用文字为图案的儿童卫衣

图5-18　文字与其他图案结合的儿童T恤

（一）文字图案设计的年龄划分

无论是什么文字的图案设计，都需要注意在不同儿童服装上的设计原则是不同的。如0~6岁是儿童早期发展阶段，这个阶段是在生理发展上有着阶段特征和心理发展上具有连续性特征的重要时期。此时，儿童的思维方式是形象思维，是孩子的想象力形成发展的阶段。我们可以在儿童画中看到，孩子描绘的用手摘星星和月亮及人能像鸟一样飞上天的题材，他们的想象力是我们大人所不能及的。孩子的想象力丰富与否除了先天因素之外，环境的影响和人为的培养是至关重要的。童装装饰图案作为儿童直接的视觉对象，在刺激儿童想象力方面是得天独厚的。这一阶段的孩子还没有入学，对文字的理解能力非常薄弱，因此在这个年龄阶段的儿童服装上的文字图案不应成为图案设计的主体；中大童及青少年服装则可根据实际情况酌情设计与创意。

（二）文字图案在童装设计上的注意事项

1. 文字所表达的意向须积极，忌消极负面

　　无论是汉字还是英文，文字图案的设计均需要注意以下几点：一些成人的服装品牌在表达特定的如重金属、叛逆等设计主题时，会在图案设计时使用一些相对比较消极、灰暗的中/英文文字图案，甚至搭配上骷髅等具有恐怖色彩的图案造型，受到了一小部分追求特立独行的青年人的喜爱和追捧。但这类文字图案却不适用于童装的图案设计，因为童装的图案兼具教育意义，儿童也很难理解这类消极负面的文字图案所代表的内在含义，且这类文字图案还与儿童天真活泼的个性相去甚远，消费者也就很难为使用这类图案的童装买单了。

2. 文字图案应具有较好的视觉吸引力

　　在设计童装上的文字图案时，设计师可在文字的排列及字形上多下功夫，文字的排列应优美，字与字之间的间隔、字形的大小、粗细都需要有一定的艺术性，给人以很好的视觉吸引力。字体能够反映一定的时代感，如果能够与服装产品设计相协调，会加深消费者对产品的理解和联想。如隶书、篆体具有较强的古朴感，如果设计在中高龄人群的服装上，会起到很好的烘托作用，但是在童装的设计上，这类文字图案就不大适合了。

3. 文字图案与其他图形相结合

　　儿童以形象思维为主，单纯的文字图案对儿童来说，吸引力是有限的。即便文字图案的寓意再好，但低龄的儿童依旧难以理解。童装设计时，文字图案可以与其他图案，如动植物、卡通等不同的图案相结合。如图5-19所示，男童服饰上的图案将英文字母、数字与拟人化的小鸟形象相结合，小鸟的造型与字母的有机结合丰富了图案的构成。相对而言，前图仅有字母的图案设计略显乏味单调。女童T恤上的图案更为巧妙，文字聚焦在女孩头像所带的眼镜上，构图生动而有趣味性。这样的组合式手法对孩童及其家长有很大的吸引力。

图5-19　文字与其他图案组合的方式应用于小童装及大童装

七、抽象图案

　　所谓抽象是指从具体事物抽出、概括出它们共同的方面、本质属性与关系等，而将个别的、非本质的方面、属

性与关系舍弃的思维过程。"抽象"这个词源于拉丁文，原意是排除、抽出。在自然语言中，很多人把凡是不能被人们的感官所直接把握的东西，即通常所说的"看不见，摸不着"的东西，叫作"抽象"。抽象图案抑或是抽象画，就是一种与自然物象极少或完全没有相近之处，而又具强烈的形式构成面貌的绘画。现代抽象绘画包含两大类型，一是从自然物象出发的抽象，形与自然物象保持有一定联系的抽象艺术形象；第二类是不以自然物象为基础的抽象，是创作纯粹的形式构成。抽象图案设计以具象的人物、动物、植物、风景等为原型，经过设计师思维巧妙的设计，加工成富涵韵味的抽象图案，也许观众看不出具体的物件，但感觉很美，抽象图案仅仅表达一种视觉效果，强调视觉冲击力。抽象图案因简括、含蓄、奇特给人以无限的联想和余味无穷的享受，有很强的感染力和表现力。

图5-20　抽象式印花男童外套

　　抽象图案表现的形式非常丰富，表达的工艺手法也是多样的。不论是婴童装、幼童装还是大童服装，只要设计得当，抽象的图案都可以起到很好的装饰性作用（图5-20）。

八、几何图案

　　几何图形，即从实物中抽象出的各种图形，可帮助人们有效地刻画错综复杂的世界。生活中到处都有几何图形，我们所看见的一切都是由点、线、面等基本几何图形组成的。几何源于西方西文的测地术，解决点线面体之间的关系。无穷尽的丰富变化使几何图案本身拥有无穷魅力。如图5-21所示的以几何纹为图案的女童装，女小童上衣为几何圆点印花，在裤装及上装下摆的荷叶边位置，使用的是同一色系的心形印花面料，在色彩的协调下，两种图案结合相得益彰，很好地表现了这个阶段的儿童特点。女大童所着裙装以大型几何纹为底纹，色彩鲜艳明快，显得非常活泼。几何图案是童装中常见的图案形式。

九、其他

　　童装图案的灵感来源是多方面的，设计师们可以大胆展开想象。如图5-22所示的男童所着T恤图案为多数儿童非常喜欢的薯条，以这样的题材作为图案，必然会受到孩子的青睐；同理，像糖果、甜点等这些孩童喜欢的食品，均可作为童装的图案应用；女童所着的短裙则以香水瓶为图案，形式别致且应和了女孩子们对美丽和优雅的向往，也是一个非常不错的图案选题。各类艺术也是童装设计取之不尽的

图5-21　以几何纹为图案的女童装

图5-22　童装图案的灵感来源

灵感源泉，无论是典雅的西方油画还是写意的中国山水，都可以为童装设计提供素材（图5-23）。

　　总而言之，童装图案设定主题不要拘泥于上述的几个主要童装图案分类，生活中的方方面面均可以为童装的图案设计提供灵感。图案是童装设计的重要组成部分，图案是童装的点睛之笔，体现着童装的品位，承载着品牌文化内涵。

图5-23　以古典油画为灵感的童装设计

第二节 常见的童装图案工艺手法

童装图案不仅是平面纹饰的构成变化，如果同时能够综合运用多种工艺手段，如绣花与贴布结合、绣花与印花结合，可以使图案的效果更具吸引力。

一、刺绣

刺绣是指用针线在面料上进行缝纫，由缝纫线线迹形成花纹图案的工艺形式。绣花图案给人的感觉是精致、细腻，有很强的艺术感染力。绣花有手绣、缝纫机绣、电脑绣几种，此外还有平绣、十字绣、链条绣等不同的绣花工艺形式。几种刺绣方法相比，手工刺绣花费的时间最多，效果最为精细，用于服装图案时单件服装的成本相对也比较高。手工刺绣的总体效果与绣花者自身的工艺技巧有着极为密切的关系，比较难达到成衣化生产的统一标准，手工刺绣多用于高级定制服装。鉴于这些原因，品牌童装图案设计更多使用缝纫机绣及电脑刺绣，且又以电脑刺绣更为常见。

电脑刺绣系统是工程CAD的一种，它通过计算机辅助设计功能，将设计者的构思转化为磁盘或者纸带等媒介上的针迹点信息，用这些信息控制电脑绣花机完成刺绣工作。电脑刺绣是童装图案设计常用的工艺手法之一。

电脑工艺可以绣制比较精细的图案，可以表现多种色彩，这一点上电脑刺绣完全可以与手工刺绣相媲美，但其成本却比人工刺绣要低得多。但是电脑刺绣也有其不足之处——因为电脑刺绣是由带有张力的底、面线互锁针迹形成的，服饰面料材质较软，这些张力在针迹相连时会对织物产生拉缩，使衣服起皱、绣花也随之变形。因此，电脑刺绣往往需要在花型的背后加上衬纸，先用打底针法把面料和衬纸扎在一起，达到增加织物强度对抗收缩的目的。这样刺绣出来衣物不会皱，花样也更饱满，富有立体感。但与手工刺绣相比，电脑刺绣的花型手感比较硬，服装如果贴体穿着，会有不适之感。

一般而言，电脑刺绣的图案用在童装的外套或是有夹里的服装上居多，若作为贴体服饰的装饰，一般会在花型背面再复合上一层软衬，使皮肤与花型不产生直接的接触，保证服装穿着的舒适性。一些薄型针织衫也不适合大面积使用电脑刺绣，以免花型质地与服装的质地产生过大的差异，影响服装的美观性。

和手工刺绣一样，电脑刺绣也有多种针法，如平绣、雕空绣、链条绣、毛巾绣、珠片绣等，形成了多种视觉效果，如图5-24、图5-25所示。

童装设计师不但要对童装图案的电脑刺绣装饰效果了然于心，同时还要对影响绣花价格的因素如绣线的材质、面料的材质、绣花的类型，花形的针数、色彩数、刺绣的效率有清晰地认识。毕竟，作为一个服务于品牌的童装设计师，单一只追求所设计的服装的视觉效果是不够的，产品的成本控制也是设计师应尽的责任。任何一个服装品牌，某一品类的服饰均有其价格定位、消费人群定位，如果某一款服装成本控制不当，较这一品类的其他款式价格高出一等，就会显得非常突兀，对于其销售是非常不利的。

如图5-26所示为贴布绣及印花图案的男童装，男童的上装图案采取了电脑贴布绣工艺，相比密集的平绣工艺，贴布绣尽可能地减少了底部针织面料的变形，且成品效果相对柔软。既减少了电脑刺绣的针数，又减少了刺绣的套色数，不失为一种经济且效果不错的设计手段。

有时为了达到更好的图案效果，设计师会在一个图案上综合使用几种电脑刺绣针法，如平绣与亮片绣相结合、平绣与毛巾绣

图5-24　电脑平绣图案的女童装

图5-25　电脑亮片绣图案的女童装

图5-26　贴布绣及印花图案的男童装

二、印花

印花是儿童服装图案设计常用的表达手段，其适用的面料种类广泛，印花织物富有艺术性，可以根据设计的花纹图案选用相应的印花工艺。常用的手法有直接印花、防染印花和拔染印花三种。直接印花是在白色或浅色织物上先直接印以染料或颜料，再经过蒸化等后处理获得花纹，工艺流程简短，应用最广，这也是婴儿服装尤其是婴儿内衣常用的工艺手法。防染印花是在织物上先印以防止染料上染或显色的物质，然后进行染色或显色，从而在染色织物上获得花纹。拔染印花是在染色织物上印以消去染色染料的物质，在染色织物上获得花纹的印花工艺。图5-26中的男童裤装图案即为最常见的直接印花。

除了上述的几种印花手法外，按印花的印染材质分，还有诸如胶印、金银粉印花、夜光印花、钻石印花等不同工艺技术，呈现出来的视觉效果也是千差万别的。

（一）胶印

胶印是平版印刷的一种，是借助于胶皮将印版上的图文传递到承印物上的印刷方式。服装图案的印制有平胶印与凸胶印之分，前者图案细腻，可表现类似照片的效果，略带反光且不易脱落，后者有立体感、有光泽，且图案的塑性强。胶印图案的表现力强，但缺点是透气性差，一些胶印图案在经过洗涤之后会产生老化、开裂、剥离，甚至在气温较高的情况下，折叠的胶印图案会产生粘连，影响穿着者的着装体验。

由于幼童活泼好动、出汗量较大，服装以透气为宜，一般不建议在幼童的贴体服饰上大面积使用胶印的工艺手法。再者，幼童由于出汗、吃食物时造成的污染等多种情况，其贴体服饰洗涤的频率较成人要高，胶印开裂老化及局部图案剥落的程度较成人要高，限制了胶印工艺在幼童服饰中的应用。但由于胶印是一种比较经济的图案表现手段，它在童装上出现的概率还是比较高的（图5-27）。

（二）金银粉印花

金银粉印花是将铜锌合金或铝粉与涂料印花黏合剂等助剂混合调成金银粉印花浆印在织物上，使织物呈现出光彩夺目的印花图案。使用金银粉印花的织物具有华丽感，印后织物具有"镶金嵌银"的效果，但是这项工艺的各项牢度要达到国家标准，才能提高使用性能。

有时在一些大童的服装设计中会使用金银粉印花工艺，但是在安全性能更高的幼童以及婴童服饰上，一般不建议使用此种印花工艺。

（三）钻石印花

钻石印花即选定一种成本较低和能形成近似金刚钻石光芒的物体作为微型反射体印花，使印在织物上的花纹具有钻石光芒的印花工艺（图5-28）。钻石印花由于产品外观雍容华贵，十分高雅，因而深受消费者的青睐。而且其工艺简单，成本低廉，牢度优良，是女装设计中常见的印花工艺。但是由于儿童服装洗涤的频率高，多次洗涤有造成钻石脱落的可能性，一般在婴儿及幼童的服装图案设计中不建议使用此种印花工艺，以防止钻石脱落造成孩童的误食。一些大童的服装设计，为了设计效果有时会使用此种工艺手法，与成人服装设计相比，孩童服装上使用该工艺对牢固度的要求更高，需经过洗涤以及撕拉测试合格才能运用。

三、扎蜡染

分为扎染和蜡染两种形式。扎染是指用绳线结扎防染、手工染色，形成的花纹图案。在外观风格上有单色和彩色扎染、具象与抽象图案扎染等，外观有虚有实，有图案、有纹理，不重复、无雷同，是极具装饰性的手工染色工艺。扎染可面料扎染，也可制成服装后在特定的部位扎染。蜡染是指用封蜡防染、手工染色，形成的花纹图案。蜡染可先绘画后涂蜡防染，也可直接泼蜡防染，蜡碎裂形成的冰纹，常被称为是蜡染的灵魂，细碎、偶然、无规则，是十分漂亮的装饰纹样。这两种形

图5-27 使用胶印工艺的童装

图5-28 钻石印图案的女童装

图5-29　多种工艺手段结合的童装图案设计

式工艺手法对面料有一定的要求，且以薄型面料效果为佳。一般应用于儿童春夏贴体服饰设计。一些面料厚重的服装可以运用扎蜡染方法为图案进行印花，也可以起到不错的装饰效果。

四、手绘图案

是指用毛笔调和染料在服装上直接作画，通过手工绘制而获得的图案。效果和印花有点相似，但更加灵活和自由，一般多用丙烯颜料画。可以画出各种不受工艺印制限制的图案，可收可放，可在服装特定位置绘画，或写实，或写意，或肌理，或抽象，画法风格多样，有独到的韵味。

手绘工艺是极具个性的装饰手法，手绘图案自然、随意、不重复，但不适用于大批量生产，在品牌童装设计中应用不多，常见于个性化定制设计。

五、多种工艺手法的组合表现

在童装的图案设计时，为了达到更好的视觉效果，有时会将多种工艺、材质综合运用。如图5-29所示，女童礼服裙设计时，在蓝色印花面料上使用了贴布绣、平绣及蕾丝装饰，设计大气又不失童真。

在童装设计上使用何种工艺，不能忽视目标童装所对应的年龄层次，总之，安全是童装的第一要责，脱离了这个基础，设计就失去了意义。

第三节　图案的造型设计

图案是实现童装多样化的重要手段，由于儿童活泼可爱的特性，童装上的图案设计手法也较成人服装更为丰富多彩，可使用的手法更加多样化。尤其是一些小童的服装，图案呈现出立体化的装饰趋势，且不仅局限于服装的局部装饰与点缀，甚至与服装的造型融为一体，呈现出独特的装饰感。图案在服装上的造型设计可以通过以下几个方面来进行。

一、局部图案的立体造型装饰

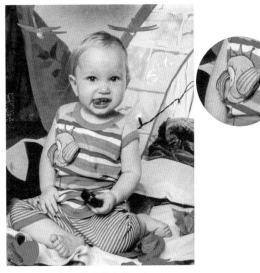

图案的局部立体装饰即通过一定的工艺手段，将局部图案立体化，这样所获得的图案效果比单纯的二维形象更为生动，更具装饰性。立体造型在童装设计上应用越来越多，一些设计采用富有特殊厚度及质感的材料对服装的局部进行立体设计。如图5-30所示的局部立体化的童装图案，小鱼的造型非常可爱，表情十分传神，但因只是平面的印（绣）花，稍显平淡。鱼儿的局部细节——鱼鳍，则是点睛之笔。立体化的设计，将鱼的灵动感展现出来，生动、童趣感强，相信一定能够获得孩子及家长的喜爱。

图5-30　局部立体化的童装图案

立体造型的图案以动植物类较为常见，尤其是动物类立体画造型更是占据了这类设计的半壁江山。这类设计大多在动物的形象上做文章，夸张动物标志性的特征。如：大象的鼻子、兔子的耳朵、小鱼的鱼鳍等。虽然立体造型的体积并不大，但是带来了冲击力十足的视觉效果，让人感觉别出心裁。图5-31为图案具体的立体造型，大色块的针织提花抽象造型图案，毛衣下摆的立体腿部设计为服装增加了亮点。这些造型各异的立体图案配合以丰富的

图5-31　图案具体立体造型

色彩，使整件服装都透出可爱喜人的效果，无论是孩子还是家长都乐意接受。

图案局部立体造型的工艺手法是多样的。例如：设计师可以借助立体发泡工艺，将含有发泡剂的色浆印到服装上，经过高温使之产生浮雕的效果，利用这样的手段所形成的图案色彩饱满，在局部发泡印花位置边缘清晰，整件服装活泼可爱。设计师也可以利用一些特质的面料，如厚呢绒、植绒等具有立体感的面料，搭配平面的印花或是绣花，使服装顿显生机。

二、服装造型立体图案化

这是将服装的整体造型与图案设计相结合的一种方式，多以动物或人物的造型与服装造型结合，这是一种角色的拟人化，保留角色的重要特征，将角色形象特点

图5-32　服装造型立体图案化的毛衫

更多地体现于服饰上。服装造型立体图案化的服装表面未必有大面积的图案装饰，可以是只有很小的一部分局部印花，但其与服装的造型相配合可以形成极为生动的效果。

图5-32所示的服装造型立体图案化的毛衫，在连衣帽的帽角位置装饰了立体的猫耳，配合提花针织的猫爪手套，显得非常可爱。服装的立体化图案造型形式在童装设计尤其是较小的儿童服装设计上使用非常广泛，设计师常会将服装进行整体的立体造型，与小猫、小兔子、小熊、恐龙等儿童喜闻乐见的形象相结合，保留部分动物的典型特征，如斑纹、耳、尾、爪等局部细节。一些特征鲜明的植物也常成为服装造型立体化的模仿对象。

服装整体化造型的装饰手法具有很强的趣味性，在市面上受到了众多家长的追捧。服装的造型和图案，反映着万紫千红的大千世界，与"看图识字"的儿童玩具一样，成为儿童认识世界、了解世界的一个渠道。经过造型图案立体化设计的童装不是原封不动地模仿动植物原型，而是经过设计师创造后出现的新形象，比原型更形象、更生动、色彩更丰富。

三、图案视错式设计

顾名思义，即借助视错觉而形成的图案设计效果。如图5-33所示的图案视错式设计，男童T恤的颈部位置印上了小领巾的图案，图案领巾的打结纹理非常传神，造成了男童佩戴领巾的视错觉，这种图案处理方式很是巧妙——虽然图案的形式是平面的，但是会造成立体而丰富的视觉感受。这种手法在幼童、小童装的设计中也会经常使用，出于安全性的考虑，幼童小童的服装上很多的配件是不能使用的，如金属的铆钉、易脱落的链条等，还有一些服饰配件如领带、背包之类，都可以通过视错觉的形式用图案表现出来。

四、角色代入式造型设计

童装图案设计还有一种非常巧妙的方式——角色代入式造型设计。即图案的设计为特定造型，儿童穿上这样的服装后，会将自己代入服装所塑造的角色中去，通过一定的图案表现手法将图案与穿着者融为一体。

这种图案造型法常在儿童们喜欢的动漫人物中找寻设计灵感——将动漫中人物的衣着及其图案装饰用于服装产品设计。当然，服装产品和动漫中的人物衣服材料

图5-33　图案视错式设计

不一定要相同，不用像角色扮演那样细致，但是应完整保留服饰的特征。例如，青少年非常喜爱的一些超级英雄形象，可以通过印花的手法将他们的穿着、英雄的标识印在服装上，当孩子们穿上这样的服装时，他们会有一种自己变成超级英雄的感觉，这样的服装对于英雄迷们的吸引力可想而知。图5-34所示的以动漫形象金刚狼为主题的童装设计，是美国著名运动休闲品牌安德玛的超级英雄系列服装，运用数码印花的手法将金刚狼的典型色彩以及标示性的腰带生动地印在服装上。这个系列的超级英雄印花服饰，面市伊始受到了青少年们的追捧，这些款式甚至需要通过线上预定的方式才能够买到。

　　具有典型性造型的动漫形象很多，例如《百变小樱魔术卡》中主角木之本樱的服装有很多套，每一套都非常有个性，体现着不同的风格……总之，不同的时期流行的动漫不同，不同年龄段孩子对动漫形象的喜好存在差别。设计师必须根据自己所设计服装的年龄定位，选择适当的形象进行加工创作，才能获得市场的认可。最为重要的是，在使用这些动漫形象时一定要获得版权方的许可，才不会造成侵权。

图5-34　以动漫形象金刚狼为主题的童装设计

五、立体图案造型

立体图案造型是指整体图案通过一定的方式，使图案本身呈现出立体的效果。图5-35所示的图案的立体式表现，女童连衫裙上的花朵是用面料直接制作而成的，立体感非常强，有很强的装饰性效果。有时设计师也会先按照图案的要求绣出电脑刺绣片，再缝缀到服装上，使图案的色彩层次更加丰富。

图5-35　图案的立体式表现

第四节　童装图案创作思路

图案设计是童装设计的灵魂，代表着童装的文化品位，是童装的视觉中心，历来被设计师所重视。图案设计有其特有的规律和方法，我们可以通过对比国内外童装图案设计发展现状，找出我国童装图案设计方面的差距，分析我国童装在图案设计方面存在的问题，找到解决问题的方法。目前，我国童装图案设计主要在图案的题材、图案的风格定位、图案的文化内涵等方面存在较大差异，是我国童装图案设计需着重解决的问题。因此设计时，图案的设计思路具有重要的作用。设计师可以从以下几个角度出发来进行设计构思。

一、直接应用法

这是图案设计最简单而直接的方式，即直接将现有的动植物、人物、风景等形象用在童装上，而不经过二次的设计与加工。

数码印花手法最适宜直接表现各类主题，高精度的数码印花甚至可以达到照片级的打印标准，一些动物的毛发纤毫毕现，栩栩如生，具有很强的视觉冲击力。不过这种图案的应用手法因未经设计与变化，也缺乏了相应的趣味性。这种手法在成人的服饰设计中应用较多，在儿童服装中也并不罕见，如图5-36所示，将各类都市的景象再现在服装上，时尚感十足。这种手法若用于小童服饰，一般以儿童喜闻乐见的动物、花草类的形象居多。

二、设计提炼法

设计提炼法就是通过对自然界动植物原型，经提炼、概括、抽象、夸张等手法，而获得的新图案。图案经过设计变形，具有强烈的视觉张力，能够给人耳目一新的感觉，是现代图案设计的主流思路，也是童装图案

图5-36　图案的直接应用法

图5-37 图案的设计提炼法

图5-38 超级英雄的标识

设计中常用的手法之一。如图5-37所示，女童裙上的公鸡形象简练，几个高纯度的色块把公鸡的造型表现得生动而富有活力，很好地衬托出了孩童的朝气。再以动漫图案为例，很多的形象都有自己独特的符号，如米老鼠的头部剪影形状简单，只有三个圆形，既是米老鼠的头型，又能给不同的人以不同的隐喻。其大红色的短裤配上两个白色的圆形色彩装饰，也是米老鼠典型的符号之一，人们看到这个短裤造型立刻会将其和米奇这个名字联系起来。再如深受青少年喜爱的美国超级英雄系列形象，每一个角色都有属于自己的符号，当人们看到那个图案的时候，都能立刻想到对应的角色。将这个符号印在衣服上，既简单时尚，又不会太过于凸显，受到青少年乃至很多青年人的喜爱，如图5-38所示为超级英雄的标识。

从图案的构成来说，并非是越复杂越好看，有时候反而是简单的图案更具时尚感。简单的图案甚至是剪影化的造型，配合简单明快的颜色，非常容易给人留下深刻的印象。这些图案印制于各类童装上，价位不高，让人们非常容易接受并喜爱。

三、图案元素拼接法

图案元素拼接即按照一定的构图原则将诸多图案元素拼接在一个画面中，这也是童装图案设计中较为常见的手法，有时会带来意想不到的惊喜。图5-39图案元素拼接法中，女童裙子的图案由写真的女孩头像、花朵及风景等元素组合而成，图案之间平滑过渡，自然地融为一体，这也是图案拼接设计的典型案例。

图案元素拼接没有过于严格的规则，但也有一些基本的规律可循。以动漫元素为例，设计师在构思时可以从动漫元素的风格、色彩等多方面加以探索，如：可以将同色系小黄人和海绵宝宝元素拼接在一件上衣中；可以借助分镜形象，将不同的卡通造型杂乱地拼接在棒球服上；抑或是将字母与图案混搭，以小碎花的方式印于衣服上；甚至可以运用不同材质，将各种形象元素做成标志绣于衣服上，拼接在一起。这些拼接方式，可以为服装提供更为丰富的视觉语言。

四、文化创新法

不同的民族有不同的文化背景，不同的文化背景孕育了不同的艺术种类。图案艺术深受文化的影响与熏陶，代表着不同地区、不同时期的文化和审美，具有经典的含义。中国传统图案源于原始社会的彩陶图案，已有6000~7000年的历史，历代沿传，是具有独特民族艺术风格的图案。按照题材种类，传统纹样可以分为动物纹、植物纹、几何纹等；按照时代划分，可分为原始社会图案、古典图案、现代图案等；此外还有少数民族图案、民间及民俗图案等不同的种类。

中国传统服饰讲究"衣作绣，锦为缘"，在服装的衣身及边缘采用大量的装饰性纹样。随着时光的流逝，这些传统的装饰工艺手法逐步被印花、电脑刺绣等更加便捷的工艺手法所替代，但传统纹样依旧在时光的流逝中闪耀着迷人的光泽。设计师们从历史的、民族的图案设计作品中取其精华、去其糟粕，重新设计出既有现代感，又不失民族精神的新图案，并结合现代服装的时尚理念，将它们运用于服装设计。这些蕴含丰富文化内涵的服装，越来越受市场的欢迎。图5-40是战国时期纹样及经现代再设计的造型，造型古朴庄重，经过现代设计师的提取，运用图形软件对其进行再设计与创作，使图案具有了时尚的气息。

图5-39　图案元素拼接法

图5-40　战国时期纹样及经现代再设计的造型

　　童装历来是中国传统服装装饰的重点，人们将代表着对孩子们美好祝愿的图案缝、绣到童装上，形成了一道独特的风景。如：在中国陕西地区端午时节会制作一种童帽，使用贴布绣的工艺，在帽圈的前方，将蝎子、蜈蚣、毒蛇、虾蟆、壁虎五种毒虫绣制其上，称为"五毒帽"。帽子一般用布制成，也有用丝绸做的，有的地区称为"端午帽""端阳帽"等，制作大同小异。纯手工缝制的五毒帽造型纯朴、可爱，这是一种反衬的艺术手法，通过表现毒虫的形象，反衬出除害辟邪的心愿。还有一些传统的儿童肚兜、贴体内衣等，则会刺绣上"长命百岁"等文字图案，同样也寄托了长者对孩子的一种美好祝福。

　　现代社会，童装的造型、童装的审美观较过去都产生了很大的变化，一些传统纹样很少再出现在童装的设计上。但只要把握好时代特征，结合市场需求，符合现代社会儿童消费心理，对传统图案进行创新设计，必然会在新的时代焕发出光彩。

第五节　图案运用在童装设计中的注意事项

一、图案需推陈出新

　　童装的图案设计应紧跟时代发展的步伐，注意推陈出新。在现代的信息社会，儿童通过多方面多渠道获得的信息量是惊人的。以卡通图案为例，随着社会的发展，艺术表现形式的丰富化，单纯写实的动物图案已经不那么受儿童及其父母的欢迎了，一些夸张变形的卡通图案在现代童装设计中广泛应用，受到了追逐时尚的家长和儿童的追捧。在信息时代，每天有种类繁多、形式多样的图案以不同的面貌出现在消费者的面前，童装设计师如果只是把这些元素简单地以模仿和再现的方式生搬硬套地装饰在现代童装中，那童装就会显得浮浅、庸俗，很难引起消费者的注意，所以再经典的图案也需要不断地推陈出新。

二、安全是童装图案设计的首要原则

　　服装图案的表现手法是多种多样的，童装图案可以用印、染、刺绣、贴布、钉珠等多种表现手法来表达主题。但无论是什么表现形式，安全问题始终是童装图案设计应用的首要原则，图案设计不能为了追求新颖的造型而损害儿童的身体健康。一件童装如果款式新颖、图案别致，但是却存在安全隐患，那么再漂亮、再美观也是不可取的。

在设计童装图案时，根据儿童不同年龄阶段的特征，少用或不用那些容易扎伤儿童的金属、塑料等制品；所有应用于服装的装饰件，应具有足够的牢固度。总之，具体的安全条例需要符合相关标准。

三、图案内容要积极健康

在前文"文字图案"部分提及，童装图案所表达的意向须积极，忌消极负面，这也是童装图案设计的准则。童装图案不仅是一种装饰，同时也具有重要的教育意义。那些有恐怖、可怕、肮脏感的图案和造型，如凶猛的野兽、骷髅、魔鬼需考虑大众对其的接受程度和穿着者的年龄。如一些进入青春期的少年，他们开始进入叛逆期，追求标新立异，对这类特立独行的图案接受程度会高一些，如图5-41所示

图5-41　装饰骷髅图案的大童装

为装饰骷髅图案的大童装。但是一些小童对此类图案是否能够接受，童装设计师在设计时还是需慎重考虑的。婴童及小童装图案的内容应该清新、自然，儿童能看得懂、能理解，消费者也才会乐意为这样的设计买单。

四、童装图案要做到形式和功能的统一

设计童装图案时，不但看这个图案是否能起到良好的装饰作用，还要充分了解所选取的图案的教育和文化内涵，要做到形式和功能的统一。如：很多卡通图案不仅拥有精美的造型，还包含着一些典故，有很深的文化内涵，还有一定的教育功能。这种教育功能通过儿童们穿用服装而潜移默化地发挥作用，让穿着者在穿着的过程中逐渐了解这些故事、典故。设计师所选用的卡通图案的造型与童装的风格、功能联系得越强，传递给儿童的信息准确度就越高，给儿童的感受也越自然。

五、需要与品牌文化相符

这部分主要是指以童装品牌标识性造型为童装图案的设计。市面上各品牌的童装多有自己的主打形象，这些形象多为孩童喜爱的动物造型，如小老鼠、小狗等，消费者看到这个形象就会与该品牌的童装联系起来。因此在使用卡通元素进行设计时，首先必须以不损其形象定位为标准。设计时不能擅自对形象本身进行变形的设计。

如图5-42所示为按照比例设计的蜗牛造型卡通形象，其身体的长与宽、身体与眼睛的比例关系等诸多因素等都是捕获其形象特征的重要因素。以之为元素进行的形象设计，皆需在符合此形象特征的基础上进行再创作，否则过多的夸张、变形的创新设计只会适得其反。同理，童装设计师在设计童装图案时，如果不能控制好此类品牌的造型，就会偏离品牌文化，这对于一个品牌而言是不允许的。

如国内某知名婴童装品牌，其主题卡通标识为一个婴孩的形象，该厂家邀请专业公司为这个形象设计了正面、侧面等不同的造型，确定对部位的比例关系，并将之集结成册，作为品牌的基础元素。该品牌的设计师往往会在这些已有的卡通形象的基础上，进行进一步的设计与创新，在不违背品牌卡通定位的基础上获得新的视觉效果。值得一提的是，该品牌部分季节的款式采取的是外包设计、加工的经营模式，除了前期的有效沟通外，所有由外包公司设计、制作的童装，在打样完成后也全部归样到总公司，由主设计师统一规划及确认，在确保形象一致的情况下再推向市场。

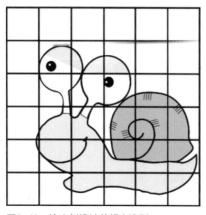

图5-42   按比例设计的蜗牛造型

　　总之，图案是童装设计重要的装饰手段。图案的种类繁多，这些造型可爱、色彩鲜明、内容丰富的图案，使现代童装更为丰富生动、更具有视觉吸引力。童装设计师们应从儿童的角度去展开思考和设计。这些可爱的童装图案不仅可以丰富设计师的想象力，还能激发设计的灵感，让设计师们勇于打破童装设计的规矩和束缚，打破传统、大胆创新，创作出富有中国文化内涵的民族品牌童装。

色彩、面料与童装的风格表现

第一节　童装的色彩布局与组合

一、童装的色彩概述

服装是色彩、面料、款式造型的复合体，这三个要素缺一不可，相互作用。服装的美学功能通过设计的形式构成要素来体现，而形式要素的核心就是形态和色彩，因此通过学习掌握服装色彩的美学构成原理才能实现服装的美学功能。服装的色彩效果可以体现出人物的精神风貌，甚至时代特色，产生超出服装本身的全新的视觉生理与心理效果。

色彩赋予了童装视觉上的感染力，儿童服装在一定程度上反映了他们的成长心态，丰富的色彩让孩子更加开朗自信，同时色彩的强弱与孩子个性及感情有着密切的关系。童装的色彩就像孩子们随身的色标一样，不同的色彩会影响他们的情绪变化，对孩子的心理和生理有着相当大的影响。

童装的消费者是特殊年龄段的群体，童装的色彩也具有特定的科学内涵。童装色彩潜移默化地影响着儿童身心。研究表明，4~6岁的儿童智力增长较快，可以认识四种以上的颜色，能从浑浊暗色中判别明度较大的色彩；6~12岁是儿童德、智、体全面发展的关键时期，童装色彩的应用会直接影响到儿童的心理素质发展。专家通过观察试验发现，明亮的色彩会使孩子们变得开朗、积极。此外，在特定环境中，童装色彩还起到呵护儿童的作用，如孩子的雨衣应使用艳亮、醒目的色彩，这样在灰蒙蒙的雨天里，可以避免交通事故的发生。经常在夜间外出活动的儿童，其着装色彩应加进反光材料和荧光物质，易引起行人和车辆的重视与警觉。

童装色彩学包含着两个层面：一是童装流行色与地域时尚的联系，二是童装色彩和儿童心理与生理本身特性的联系。世界先进国家对童装色彩的时尚与流行研究等同于对成人服装流行色的研究。

童装的流行色我们在前述章节已经叙述，此处不作赘述；不同年龄段童装色彩规则也在叙述婴幼儿童装、小童、中大童服装设计要则中予以了叙述。因此，本章所叙的童装色彩是童装设计的普遍性规则，在不同的年龄段儿童服装中均适用。

因为童装色彩的运用与成人装相比会更显得自由、鲜亮和随意，在某种程度上给人们造成了童装设计用色的片面认识。色彩斑斓的视觉感受是人们对童装用色的综合概括。在很多人看来，童装是唯一能够用任何颜色装点的服装品种。但从色彩搭配的角度来看，童装色彩设计还是有一定规律可言的。

二、童装色彩设计的布局原则

（一）统调原则

所谓"统调"，即整个色调搭配中有一个主色调，抑或将色彩统一在一个暖色调中，抑或将色彩统一在一个冷色调中，又或者以一个灰色调为统一色调等，力求色彩少而不乱，丰富且有层次，切忌色彩繁多无序；再则，色彩比例应有主次之分：即在色彩的配比中，注意调节各颜色在整体中所占的比例大小，以一色为主，一色为次进行色彩的搭配。色彩所占面积的比例关系，直接影响到配色的调和与否。色彩搭配的关键在于掌握面积比例尺度。

就以色相对比强烈的两个色彩来说，色彩面积比例的分配直接影响着视觉效果是否调和。以红绿对比色的组合为例，红和绿是两个相对的色彩，它们在色相上一冷一暖，感觉上一进一退，两者具有很大的矛盾性。在搭配时它们的比例如果过于接近，很容易造成"土气、俗气"的感觉；而以一色为主进行配比，"万绿丛中一点红"的视觉效果则是优雅的。对比色如要同时大面积地采用，可在两色中同时加入同一个颜色，如同时在红绿两色中加入白色，这样使得对比的两色相互关联，从而缓解了视觉上的冲撞感；或者用无彩色系的黑白灰等颜色将两色隔开，也可以在视觉上起到一个缓冲作用，但是其作用不如前者。如果搭配的两个色彩明度相差较大，一个是高明度一个是低明度，可根据情况灵活掌握它们的比例大小关系，明度高的和明度低的以1：1的比例相配时，可产生强烈、醒目、明快的感觉；以明度高的为主时，是高调配色，能创造明朗、轻快的气氛；以明度低的为主时，是低调配色，能产生庄重、平稳、肃穆的感觉。

统调原则指导下的整体服饰色彩搭配易给人以含蓄、柔美、和谐的感觉，同时应注意"大统一，小对比"的应用，以避免产生单调、呆板之感。如图6-1所示，孩子们的服装虽然色彩各异，就单个的服饰形象而言，可以看出每个服饰形象都统一在一个暖或冷的色调中，粉红色的条纹上衣、暖黄色的裤子、一点冷色调的花卉装饰，突显出了孩子活泼可爱的气质；红色条纹裙装饰蓝色线条，图案与色彩的搭配毫无突兀之感；蓝色系服饰造型，整体呈现冷色趋势，鞋子与服装上的花卉则是暖色的，服饰效果和谐而不沉闷。从案例可以看出，这些服饰都以大统一小对比为色彩搭配原则，在一个主色的统领下，副色以及点缀色所占的比重是很小的。因此，服装上的配色数量也不宜过多，承担主角的色彩数量以一至二色为佳。这样，配色容易形成一个明确而统一的色调，若再加上适度的点缀与对比色，在统一中求得变化，即可创造出一个既有秩序又有生气的色彩气氛。大统一，使色彩之间性格

图6-1 色彩的统调

具有向心性；小对比，使色彩的性格具有离心性，但如果对比得过分，配色会陷入混乱，没有秩序。

1. 色相统调

色彩在色相环上的角度差异是色相统调的基础，一般在色相环中色距在≤60°的范围以内的色彩为近似色，近似色的色彩配比，比较容易达到协调统一的效果；色相环中色距相差角度为0°时，即为单一色彩的配比。如上装是黄色的，内搭服装用绿色，两个色彩在色相环上比较接近，整体服饰形象可以达到色相统调的效果（图6-2）。色彩的统调既可以用同色同材质的面料进行搭配，也可借助色彩、质地皆不相同的面料来完成。

2. 明度、纯度统调

以同一色相，但明度或纯度不同的色彩进行服色搭配，整体服色在协调中具有一定的层次感，如深浅不同或灰度不同的上下装搭配等。在明度、纯度统调的情况下，可以在服装的图案花纹以及服色所占的面积等因素上作变化处理，如图6-3所示，男童的整体搭配统调在不同深浅明度的豆沙绿中，各色之间色阶鲜明，服装很有层次感。

3. 色彩搭配的关联

一个色在不同部位重复出现叫作色彩的关联，相配色之间互相照应，你中有我，我中有你，如取裙子上的一个色作为上衣的颜色；里料的色和面料的色相呼应；取衣服上某个色作为服饰配件的色等。如图6-4所示，袖子上的蓝色调与纱裙上的色调相呼应，裙上身的粉红色与裙摆上的粉红色纱相对应，这是色彩之间取得调和的重要手段之一，也是统调原则常使用的技巧。

图6-2 色相统调　　图6-3 明度、纯度统调　　图6-4 色彩搭配的关联

（二）对比原则

当色彩在色相环上的色距达到一定角度时（一般在色相环上的色距介于90°～180°），服色对比差别较大，在视觉上容易形成明快、醒目之感；但如果色彩配比不当，也易造成视觉的疲劳。可通过调配色彩的面积、改变色彩的明度或纯度等多种方式来进行调节，加入黑、白等无彩色以及金银等色进行搭配，也可以起到减弱色彩视觉冲突的作用。

巧妙运用色彩的对比，还可以把人们的注意力吸引到服装的某一部分，如领部、肩部、胸部、腰部等服装的要害部位，来抓住人们的注意力。这些部位的色彩可以是明度、纯度高的色彩，小面积使用，起到点缀的作用，与大面积明度、纯度低的色彩形成对比，小面积的色彩部位反而更加醒目和突出。适当的色彩对比是在统一中谋求变化的手段之一。每套衣服的点缀色彩不要过多，以一至两处为宜。所谓"多中心即无中心"，多则乱会分散注意力，冲淡整个色彩效果。无论是明度相去甚远的黑与明黄的搭配；还是色相差距很大的红、黄、蓝的搭配；抑或是对比色的冲撞，如红与绿、黄与紫的搭配，为了达到色彩鲜明且对比适度的效果，每一个

图6-5　色彩的对比原则

服饰形象中应有某一个色彩占据主导的地位。如：紫色的上装是大面积的、主导性的，黄色的半裙色彩是小面积的、辅助性的，搭配在一起并不突兀，反而会营造出一种轻松活泼的感觉（图6-5）。当对比的色彩在服装上所占面积相当时，则可以改变对比色中某一色的明度或是纯度，如：提高紫色的明度——将粉紫与黄色搭配，同样能够达到预期的目的。

（三）时尚原则

童装色彩的时尚原则即要注意定期流行色的发布信息。流行色是一种社会心理产物，也称前沿色或先锋色，是指在一定的时间跨度和空间区域及广泛的消费群体中，得到社会认可的普遍流行、广受欢迎的几种或几组色彩与色调。有时还伴有特定的构成表现形式。流行色与服装的面料、款式等共同构成服装美。流行色是一种趋势和走向，是一种与时俱变的颜色，其特点是流行最快而周期最短。流行色是非固定的，常在一定期间演变，今年的流行色明年不一定还是流行色，其中可能有一、二种又被其他颜色所替代。

童装流行色的研究与发布，各国都有完善的体系。届时会通过纽约国际儿童时装展以产品实物同时发布流行趋势。纽约举办的国际儿童时装展，每年要发布三次童装流行色的研究成果：每年三月发布当年夏、秋两季的童装流行色，八月发布圣诞节到第二年开春的冬季童装流行色，十月发布第二年春季的童装流行色趋势。他们宏观锁定了全球的童装色彩流行趋势，又突出了不同地域的童装色彩差异与特色。这样既让各国厂商紧跟时尚，又使消费者有"色"可循。

流行色相对常用色而言，常用色有时会上升为流行色，流行色经人们使用后也会成为常用色。例如，今年是常用色，明年可能会成为流行色，它有一个循环的周期，但又不是同时发生变化。这是因为不同的地区、民族和国家都有自己的服饰习惯、服饰传统及服饰偏爱或嗜好。如今年的童装色彩趋势显示：英国童装具有浪漫、怀旧的风尚，大量使用了古典、中性色的苏格兰格子红绒；法国童装，色彩主流为海洋的中性色；意大利童装，为了体现保护生态的国策，绿色成为了主导色；德国城市花草充盈，周围的环境色彩斑斓，童装却反其"色"而行之，应用黑白灰中性色彩的整体呼应，从帽子到鞋袜，从外衣到内衣，构成和谐的整体。可见，全球童装色彩的趋势反映不同地区独树一帜的地域特"色"。

对于童装设计师而言，在设计中把握时尚固然重要，但不能为了追求流行而放弃所服务童装品牌的固有风格与定位。众所周知，一些品牌的童装是有自己标识性色彩的，如黄小鸭童装，黄色就是其品牌的标志性用色，如果偏离了此色调，品牌的形象也会发生偏移。设计师应综合考虑服饰基本色与流行色的关系，可以将前者在服饰中放置较大的比重，而流行色放置较小的比重。在每年制定下一个年度的流行色时，选用一、二种流行色与服饰的基本色一起搭配，这样既可确保童装的品牌风格定位又能跟上时代的步伐与潮流。

流行色的应用应该从宏观的角度加以把握。

1. 时节的把握

流行色时节把握的一个重要前提是，应综合不同时期社会政治、经济、文化的背景而进行。在此前提下，国际流行色协会往往将流行色分成春夏流行色和秋冬流行色两部分发布，春夏、秋冬不同时节的流行色风格迥异、各具特色。一般春季流行色相对艳丽，色调较明亮；夏季色彩相对活泼，对比较强；秋季配色为求多样统一，色感相对含蓄；冬季的流行色一般稳重沉着，明度纯度相对平稳。此规则也适用于童装的设计。

2. 环境的把握

地理环境、文化传承、社会现状、生活习性的差异对于色彩的流行也有影响，在流行色的应用上应将流行色与区域环境的具体情况相结合。流行色的运用不是放之四海而皆准的原理，而是要根据所处环境的不同进行调整。对于流行色使用环境的把握应建立在对服装色彩社会文化象征性理解的基础上。

不同国家、不同民族之间存在色彩喜好的差异，东西方之间对颜色的认识也不尽相同：一些色彩在某一民族、某一国度可能代表着美好，但对另一民族或是国度而言，则可能是厌恶之色。如黄色在佛教盛行的泰国是受欢迎之色，但在巴基斯坦，黄色会引起人们的厌恶，马来西亚以及沙特阿拉伯也视黄色为不祥的死亡之色。即使某一个色彩是当地人们的喜用色，同样也会受到环境因素的限制，如大部分的国家对红色都有着特殊的喜好，认为红色代表着喜庆与吉祥，如果在欢庆的场合使用自然是美好的，但如果出现在丧葬等悲伤的场合，就极不合适了。服装设计时讲究TOP原则，即在服装设计时要考虑什么时间（Time），什么目的（Object）、什么地点（Place）穿着。具体到童装的设计，孩童的校服一般不会使用特别艳丽的色彩搭配，逢重要的传统节日家长喜欢给孩子们穿上色彩艳丽喜庆的服装，这就是TOP原则在服装设计上的应用。

童装设计师在设计童装时，要妥善掌握流行色，结合不同环境下各地域人们对色彩的好恶，灵活运用。

（四）个性原则

个性是个人区别于他人的特点所在，个性的存在，决定了人与人之间对色彩的喜好一定会存在差别。不同的性别、不同的年龄、不同的职业等诸多因素的差异，均会体现在其与服装色彩的亲和性上，将直接影响个体对于服装色彩的接受程度。

人处于不同年龄段时，对于服装色彩的接受程度有很大的差异。一般来说，儿童对于鲜艳色彩的接受程度远远大于成人；年轻人着装色彩较中、老年人要鲜亮。即使是童装，孩子在不同的年龄阶段，他们对于色彩的喜好也有所差别。因此，童装色彩是立足于儿童的生理特点的，目的是使孩子们获得美的感受，得到美的熏陶。婴儿服装的色彩以柔和的粉淡色系为宜，如粉红、浅绿、粉蓝、鹅黄等，另外纯洁的白色也是婴儿服装的常用色彩。1~3岁为幼儿期，此时的孩子有了一定的模仿能力，鲜艳的色彩很能够吸引他们的注意力。据心理学研究表明，处于幼儿期的儿童喜爱艳丽明快的颜色，尤其是对比明显的颜色，有些孩子对鲜艳色彩的偏爱会持续整个儿童阶段。因此，为这一年龄段的儿童选择服装时，应更多地选择明度与纯度高的色彩。1~5岁期间，儿童对颜色爱好的差异并不显著，但6岁之后，会表现出性别差异。男孩子喜爱黄、蓝两色，其次是红、绿两色；女孩子则喜爱红、黄两色，其次是橙、白、蓝三色。幼儿时期的孩子开始有了一定的自我意识，思维往往会和简单具象的事物相联系，一些灰暗的色彩就很难得到他们的认同，如这一年龄段的孩子鲜有喜欢黑色的，因为黑色往往与坏人、乌鸦等令人不快的事物相联系。

整体来看，儿童的审美趣味随着年龄的增长表现出由色彩鲜艳、对比强烈向协调、柔和方向转变。

从儿童有朦胧的性别意识开始，他们对于色彩也开始显现出不同的喜好。或许是由于社会历史习俗的关系，女性的服装色彩往往比较丰富，而男性的服装色彩则相对单一，或许是由于成人将约定俗成的色彩观念带入了儿童的世界，在成人给孩子购买服装时，人们也往往会按照这样的思维习惯为孩子选择服装的色彩。这种做法也影响了孩子们的色彩喜好：小女孩往往喜欢红、橙等色彩，小男孩似乎更偏爱蓝、绿等色调。相比较而言，只要掌握好着装的目的、场合，一般来说，女装的服装用色的选择自由度是相当大的，但男装受到局限则较大。同样的原因，如果幼儿园里一个小女孩穿上一件漂亮的蓝色外套，其他的孩子也许会啧啧称赞，但是如果是一个小男孩穿着粉色的外套，可能会被班级的孩子们嘲笑。

个性的原则还与个人的形体有关。即使是儿童，孩子们的体型依旧有胖有瘦，肤色有白有黑，个子有高有矮，这些条件对于服装色彩的选择影响是很大的。孩子们的父母会依照自己孩子的基本条件来选择适当的服装色彩。如：在中国人的观念中，我们认为白的肤色是好看的，所谓"一白遮三丑"，皮肤白，什么颜色穿着都好看；而黑的肤色，则应"蔽"之，在考虑服装用色的时候就必须慎重。所以我们会看到皮肤白的孩子穿什么样的颜色都好看，但是皮肤偏黑的孩子，浅亮的明黄、橙、粉红以及深沉的深褐、棕等色彩穿出来的效果也许就不那么理想。尤其是中大童，他们已经形成了自己的审美观，也会有意识地选择自己觉得喜欢的、合适的色彩。

　　人们还可以利用视觉上对于色彩的错觉，巧妙地选择服装色彩，以弥补体型等方面的不足。暖色服装具有扩张感，而冷色的服装具有收缩感，因此，往往体型偏胖的人适宜穿冷色和明度低的颜色，体型偏瘦的人宜穿亮色、暖色、对比色等带有膨胀感的颜色，以及大花、宽条、斜条的面料……家长在给孩子选择服装的色彩时，还是应因人而异，结合孩子自身的实际条件，切不可流于程式，犯概念化的错误。

第二节　面料与风格表现

　　面料是服饰色彩及图案的载体，服装艺术常常被称为是"面料的软雕塑"，面料在服装中占有极为重要的作用。21世纪是一个新工业新技术广泛使用的时代，服装材料的种类更为广泛。由于面料质地、肌理、手感等性能的不同，服装所表现出来的视觉效果也截然不同。了解服装的面料与种类，灵活应用材料要素，这也是童装设计师必须掌握的重要技能之一。

　　面料的质感分为触感和视感两类。触感是触摸织物材料而感受到的，触感在面料上表现为不同厚薄、软硬、粗细、光洁度的好坏等。如棉纺织物多易起皱，弹性较差，精棉纺织物往往手感细腻；毛织物较之则手感丰满、厚实有弹性。视感是用眼睛可以充分感受的，就面料来说，视感可以笼统地概括为对颜色及图案的感受。以三棱镜对日光进行分解，会呈现赤橙黄绿青蓝紫的不同色光，不同的纤维织成的面料，对色光的反射、吸收、透射程度各不相同。即使用同一色的染料对不同面料进行染色，由于其表面光滑程度的不同，色彩也会呈现差异。如同样的黑色在棉布上显得非常质朴，可是在丝绸上就显得高贵华丽。童装对于面料的安全性要求很高，在确保面料符合童装标准的基础上，童装设计师如能够妥善利用好面料的特性，即便是同一色的服饰搭配组合，依旧可以利用面料质感与触感的差异，营造出丰富的服饰层次，更好地把控童装的设计风格。

一、服装风格定义

　　"风格"一词来自罗马人用针或笔在蜡版上刻字，最初含义与有特色的写作方式有关，在此之后，其含义被大大扩充，并被用于各个领域。服装艺术作为视觉艺术的一个种类，它具有独特的外在视觉形式以及丰富的设计内涵，其内容与形式的统一，构成了服饰的独特风貌。所谓服装风格指一个时代、一个民族、一个流派或一个人的服装，在形式和内容方面所显示出来的价值取向、内在品格和艺术特色。服装风格是构成服饰形象的所有要素形成统一的、充满魅力的外观效果，具有一种鲜明的倾向性。风格能在瞬间传达出设计的总体特征，具有强烈的感染力，让着装者见物生情，产生精神上的共鸣。服装风格能够表现设计师独特的创作思维以及艺术修养，也反映了鲜明的时代特色。风格是服装的独特性，没有独特性就没有风格。

服装风格意味着服装具有与众不同的特点，如果说某一事物没有风格，也就意味着它毫无特点，而且无法辨认。按照朝代来看，唐代的服装无论是色彩还是款式都具有雍容华贵的风范，与明代服装的儒雅严谨是迥然不同的风格；按照国家来看，法国服装往往具有浪漫主义的色彩，与日本服装严谨的特点相异；同样的，各童装品牌也有着各自的设计定位、目标人群，它们的定位不同、风格不同，说明了它们具有不同的特色。

二、面料与服装风格

（一）面料的分类

1. 按照加工方式分类

（1）**纺织制品。**服用最多的针织以及梭织的面料就属于纺织制品，针织物多由线圈组织呈连环套形式构成，松散而具有弹性；梭织物多由两大系统的纱线交织而成，呈经纬向排列，平整精密。各类的线、绳、带、花边等都属于纺织制品。针织品及梭织品是童装设计最主要的两大类面料。

（2）**皮革与毛皮制品。**天然的取自动物毛皮，如牛羊皮、貂皮、狐皮等，属于较奢侈的服用面料。一般大众品牌童装很少会使用此类价格昂贵的材料，而更多地采用人造皮革及毛皮制品。由于儿童生长发育比较快，更替童装频率高，售价昂贵的童装属于小众式消费，大众品牌童装需控制成本以适应多数家长的购买需求。

（3）**纤维集合制品。**如毡、非织造布、填充物等即为纤维集合体制品，这类材料在童装中多作为辅料使用。

2. 按照原料品种分类

（1）**天然纤维织物。**有以植物种子纤维为原料的棉织物；以织物韧皮纤维为原料的麻织物；以动物毛纤维为原料的毛织物，如羊毛织物、驼毛织物；以动物腺分泌物为原料的丝织物，如蚕丝织物；还有天然皮革与毛皮制品。

（2）**化学纤维织物。**有人造纤维物，如黏胶、醋酯织物；有合成纤维物，如涤纶、腈纶织物等。

（二）面料的性能与风格

1. 梭织类面料

（1）棉织物。棉织物具有良好的吸湿性、透气性，穿着柔软舒适，保暖性好，服用性能与染色性能好，色泽鲜艳，色谱齐全，耐碱性强，抗酸能力差，耐热光，弹性差，易折皱，易生霉，但抗虫蛀，是理想的内衣面料，也是物美价廉的大众外衣面料。棉织物常与涤纶、氨纶纤维混纺，以提高其弹性和其他性能。按照纱线的构造以及织造方法的不同，棉织物还有许多品种。如图6-6所示，女童上下装均可能为棉质织物，薄棉织物清新，厚棉织物（牛仔面料）粗犷。由此可见，织造的风格不同，适合的服装种类也各不相同。

图6-6 不同质地棉织物的风格

纯棉织物由纯棉纱线织成，织物品种繁多，花色各异。它可按其色泽和加工方法的不同分为原色棉布（坯布）、色布与花布、色织布三类；也可按织物组织结构分为平纹布、斜纹布、锻纹布。

①原色棉布：没有经过漂白、印染加工处理而具有天然棉纤维色泽的棉布称为原色棉布。它可根据纱支的粗细分为市布、粗布、细布，可用做被单布、坯辅料或衬衫衣料。

②色布、花布：这类布由各类白坯布经印染、漂白而成。根据不同色彩可分为素色布、漂白布、印花布。素色布指单一颜色的棉织物，一般经丝光处理后匹染。漂白布指由原色坯布经过漂白处理而得到洁白外观的棉织物，可分为丝光布和本光布两种。丝光布表面平整、光泽好，手感滑爽；本光布表面光泽暗淡，手感粗糙。漂白布一般用来制作内衣、床单等。印花布由纱支较低的白坯布经印花加工而成，有丝光和本光两类。

③色织布：用染色或漂白的纱线结合组织及花型的变化而织成的各种织品。常见的品种有线呢、条格布、劳动布等。

棉织物是童装中运用很广泛的一种材质，棉织物吸湿透气，穿着舒适，棉织物服用性能好，无论是做贴体童装还是外套类童装均适宜。

（2）麻织物。麻织物强度、导热、吸湿比棉织物大，对酸碱反应不敏感，抗霉菌，不易受潮发霉，色泽鲜艳，不易褪色。常与棉、涤纶、毛等纤维混纺以改

图6-7 不同质地毛织物的风格

善其易皱、弹性差的性能。麻织物常常用作夏季服装、休闲服装。在童装设计中，其使用范围没有棉织物广泛。

（3）毛织物。 毛织物坚牢耐磨、保暖、有弹性、抗皱、不易褪色。毛型织物品种非常丰富，根据使用原料可分为全毛织物、含毛混纺织物、毛型化纤织物；根据生产工艺及外观特征可分为精纺呢绒、粗纺呢绒、长毛绒和驼绒等。

①精纺呢绒：精纺呢绒是由精梳毛纱织造而成。主要品种有：华达呢、哔叽、花呢、凡立丁、派力司、女式呢、马裤呢、舍味呢等。常用于高档的西服、职业套装、大衣、礼服等。不同的精纺呢绒也显现出不同的风格（图6-7）。

②粗纺呢绒：粗纺呢绒是由中、低级改良毛、土种毛等所纺的粗梳毛纱织造而成，其纱支低，毛纱内纤维排列不够整齐，毛纱表面有毛茸状。粗纺呢绒的主要种类有麦尔登呢、海军呢、大众呢、制服呢、拷花大衣呢。常用来制作大衣、套装、时装等。

③长毛绒：长毛绒又名海虎绒或海勃龙，为起毛立绒织物。是由两组经纱（地经与毛经）与一组纬纱用双层组织织成，经割绒后得到两片具有同样长毛绒的织品。长毛绒通常是用棉线作为地经与纬纱，只有毛经才用毛纱。可分为素色、夹花、印花、提花等品种。适用于冬季女装、童装、衣里、衣领、帽子及沙发等。

④驼绒：驼绒也叫骆驼绒，属针织拉绒产品，因羊毛染成驼色而得名，是用棉纱编织成地布，粗纺毛纱织成绒面，经拉毛起绒而形成毛绒。在裁剪时应注意驼绒绒毛的顺向，以免拼接不当，影响外观。常见的驼绒品种有美素驼绒、花素驼绒、条子驼绒等。适宜制作各种衣、帽、鞋的里料。

偏厚型的毛织物多用于童装外套类的制作，如儿童大衣、风衣等；精纺类毛织物根据其质地的不同，常用于童装礼服或者裤、裙等服装的制作。

（4）丝织物。 丝织物多为夏季服用面料，手感柔软滑爽，有自然的丰润光泽，色泽鲜艳、光彩夺目，吸湿、耐热，穿着舒适，是高档的服饰面料。传统的丝织物不耐光，不耐水，易褪色，不抗皱。现代丝织物的加工工艺进行改良后，在抗皱、保持色彩鲜艳度等方面有了很大的改进，具有很好的服用性能。根据纺纱加工工艺的不同，丝织面料呈现迥异的外观，真丝乔其纱轻柔，真丝缎华丽（图6-8），真丝绒高贵等。

①绫类丝绸：绫类丝绸按原料分，有纯桑蚕丝织品、合成纤维织品和交织品。绫类织物的地纹是各种经面斜纹组织或以经面斜纹组织为主，混用其他组织制成的花素织物，常见的绫类织物品种有花素绫、广陵、交织绫、尼棉绫等。

②罗类丝绸：罗类丝绸织物的品种有横罗、直罗、花罗。罗类丝绸产于浙江省杭州市，因此又称杭罗。杭罗由于历史悠久，品质优良，成为罗类织物的传统名品，驰名中外。一般作夏季衣物。

③绸类织物：绸是丝织品中最重要的一类。绸类织物品种很多，按所用原料分，有真丝类、柞丝类、绢丝类、合成纤维绸等。一般市场常见的丝绸有美丽绸、斜纹绸、尼龙绸等。美丽绸多是纯人造丝产品，它的绸面色泽鲜艳，斜纹道清晰，手感平滑挺劲。主要用途是做高档衣服的里绸。

④缎类织物：缎类织物俗称缎子，品种很多。缎类织物是丝绸产品中技术最为复杂，织物外观最为绚丽多彩，工艺水平最为高级的大类品种。常见的有花软缎、素软缎、织锦缎、古香缎等。花软缎、织锦缎、古香缎可以做旗袍、被面、棉袄等，素软缎常用于制作晚礼服。

⑤绉类织物：运用织物组织或运用各种工艺手法，使织物表面发生绉缩。这种表面均匀绉缩的丝绸织物统称为绉类织物。绉类织物的品种很多，常见的有双绉、碧绉、留香绉等，绉类织物可以做各种衣服。

⑥绢类丝绸：常见的有天香绢、筛绢等。常用作妇女服装、童装等。

⑦绒类丝绸：常见的有乔其立绒、金丝绒、申丽绒、利亚绒等，常作帷幕、窗帘、旗袍和其他服装。因其有倒顺毛之分，制作服装时需保持绒毛的一致倒向；熨烫时不能用熨斗直接在面料表面压烫，而须再覆盖上一层其他面料再予以压烫。

与棉麻类织物相比，丝织物打理起来比较费时，多数丝织

图6-8 丝织物的不同质地

物不耐磨。儿童活动量大，因此除一些儿童礼服外，童装设计中较少使用丝织品。

（5）**化学纤维织物。** 化学纤维分为再生纤维素纤维、涤纶、锦纶、腈纶、维纶、丙纶、氨纶。再生纤维素纤维吸湿、透气、手感柔软，穿着舒适，有颜色鲜艳、色谱全、光泽好易起皱等丝绸的效应，不挺括，易缩水。涤纶面料挺括，抗皱，强力好，耐磨，吸湿差，易洗快干，不虫蛀，不霉烂，易保管，透气性差，穿着不舒适，易吸灰尘，易起毛起球，为改良其服用性能往往加入天然纤维、再生纤维素纤维混纺。锦纶弹性和蓬松性类似羊毛，强度高，保形，外观挺括，保暖耐光，吸湿性较差，舒适性较差，混纺后性能有所改善。维纶强度好，吸湿，不怕霉蛀，不耐热，易收缩，易起皱，质地结实耐穿。丙纶强度好、弹性好，耐磨，不吸湿，不耐热，外观挺阔，尺寸稳定。氨纶弹性好，伸阔性大，穿着舒适，耐酸、耐碱、耐磨、强力低、不吸湿。

现代社会体育运动已经成为孩童发展不可或缺的活动，一些运动类的速干衣大多由化纤面料制造而成，此类材料多用于运动类童装的设计，而儿童日常的贴体服装则一般不使用这类材料。由于加工技术的不同，速干衣拥有了普通衣物不具备的种种神奇功效。速干衣的吸水性不高，透气性不错（因材料而异），有一定的防泼水性，被打湿后在体温或是风力的作用下，相对于普通衣物干燥速度比较快。与毛质或棉质的衣物相比，在外界条件相同的情况下，更容易将水分挥发出去，干得更快。它并不是把汗水吸收，而是将汗水迅速地转移到衣服的表面，通过空气流通让汗水蒸发，从而达到速干的目的，一般速干衣的干燥速度比棉织物要快50%。

2. 针织类面料

针织类面料是由纱线编织成圈而形成的织物，主要分为两类：纬编和经编。纬编针织物常用于毛衫和袜子等，经编针织物常用作内衣面料，手工编织也采用纬编的编织方法。针织品中纬编针织物所占比重最大。纬编针织物主要有基本纬编针织物，如平针织物、罗纹织物、双反面针织物；特殊纬编针织物，如双罗纹针织物、双面针织物、长毛绒、针织毛圈、针织天鹅绒等。针织类面料多具有良好的弹性。

针织类面料在童装中使用较多，主要是两类：一是横机织成的针织面料，制作服装时按照服装的版型，直接织成需要的衣片，最后再将衣片缝制成服装。这种方式在童装中常见于毛衣制品。第二类是圆机织成的针织面料，制作服装方式与梭织面料相似，按照设计要求裁剪面料并制作成衣。根据纱线的粗细不同，面料的软硬、厚薄不同，制作出来的服装风格也不同。一些细软的针织面料常用于儿童春夏的贴体服装，穿着起来柔软、舒适、透气；厚一些的常用于运动类服装的设计。圆机类针织面料在童装设计中的应用尤为广泛，即便是皮肤最娇嫩的新生儿贴体和尚服，也多用薄针织面料制成，可以说几乎所有年龄段的童装设计中均可以看到此种面料的身影。如图6-9所示，女童毛衣属于前者，运动式套衫则属于后者。

3．裘皮及皮革类面料

皮革材料讲究手感柔软不板硬、身骨丰实富有弹性。常用的裘皮有狐皮、貂皮、海豹皮、水獭皮、羊皮、兔皮等。常用的皮革材料有羊皮、牛皮、猪皮等。裘皮及皮革多在秋冬季穿用，风格独特引人注目。童装中以人造的仿制裘皮或皮革居多，很少使用天然的裘皮与皮革。如图6-10所示，不同肌理效果的皮革或仿皮革制品，会呈现出不同的视觉效果。

图6-9　两种不同的针织物

图6-10　不同肌理效果的皮革或仿皮革制品

（三）不同种类的面料在服用时常见的性能与风格

不同的面料质地、性能不同，在服装设计时会展现出不同的性能及风格，具体如表6-1所示。

表6-1 不同种类的面料性能与风格

面料种类			性能与风格
梭织类面料	棉织物面料	原色棉布	布身厚实、布面平整、结实耐用，缩水率较大
		色布、花布	根据印花方式不同，其外观效果不同，多为正面色泽鲜艳，反面较暗淡
		色织布	比普通印花棉布更具有立体感，花型丰富多彩，染色均匀，色牢度高
	麻织物面料		不易褪色，熨烫温度高，易皱，弹性差；表面肌理粗犷，具有休闲的风格特征
	毛织物面料	精纺呢绒	质地紧密，呢面平整光洁，织纹清晰，富有弹性，有含蓄高雅的风格特征
		粗纺毛织物	保温性能强，外观较粗犷，手感厚实丰满，风格独特，富有个性
		长毛绒	绒面平整，毛长挺立丰满，手感柔软蓬松，质地厚实有弹性
		驼绒	绒身柔软，绒面丰满，伸缩性好，保暖舒适
	丝织物面料	绫类丝绸	质地轻薄，手感柔软
		罗类丝绸	风格雅致，质地紧密、结实，纱孔通风、透凉，穿着舒适、凉爽
		绸类织物	手感柔软，色泽鲜艳，穿着舒适
		缎类织物	外观绚丽多彩，古香缎、织锦缎花型繁多，色彩丰富，纹路精细，雍华瑰丽，具有民族风格；素软缎光滑明亮，手感顺滑
		绉类织物	表面有均匀皱缩，手感柔软，色泽鲜艳，柔美，有弹性
		绢类丝绸	质地轻薄，坚韧挺括平整，其缎花容易起毛
		绒类丝绸	外观有绒毛，质地比较坚牢。手感良好，庄丽华贵，有倒顺毛之分，绒毛的倒向不同，面料呈现出的色彩会有一定差异，熨烫成衣时易产生极光
	化学纤维织物		外观风格与所模拟天然纤维面料相似
针织类面料			具有一定的弹性，针织内衣伸缩性好、柔软、吸湿、透气、防皱；针织外衣往往花型美观，色泽鲜艳，挺括抗皱，缩水率小，易洗快干，但透风，抗寒保暖性差
裘皮及皮革类面料			天然裘皮舒适温暖；人造皮毛外观美丽、质地松软，易保藏，可水洗，但防风性差，掉毛率高；天然皮革遇水不易变形，但大小不一，加工难以统一化；人造皮革特性质地柔软，穿着舒适，美观耐用，保暖、防蛀，无异时免烫，尺寸稳定。裘皮及皮革类材质无毛边，使用拼接、镂空、流苏等工艺可呈现丰富的视觉效果

除了由于面料材料所形成的肌理差异外，在面料的织造过程中有意加工形成的艺术特性以及纹理也具有特殊的视觉效果。如将棉绒织物织成具有凹凸花纹的浮雕效果，或是使之按照一定的规律形成褶皱，如树皮皱、梯形皱等，都具有特殊的表现力。另外，随着科技的进步和发展，服装面料的开发也为服装设计和风格的创新提供了空间，如新型珍珠面料、玉米纤维面料等的面世，不但为消费者提供了更为舒适的着装材质，也为服装设计师提供了新的设计思路。

（四）面料与服装风格

面料的质地和纹理源于材料纤维的原质，又受到人工织造的影响。不同的原料所织造成的面料质地必然存在很大的差异，即使是同样以蚕丝织成的面料，缎子的柔滑细腻与光亮度低、悬垂性好的双绉，也有着各自不同的风格。在进行童装设计时，综合考虑面料的质地、结构、肌理等因素的配比，可以展现出不同的风格面貌。

童装的风格多样，风格的划分无统一的标准，考虑以上因素的不同，下面列举一些常见的童装风格。

1．运动休闲风格

运动是孩子们最喜爱的活动，如打球踢球、嬉水游泳、溜冰滑雪、徒步旅行……在阳光充足的大自然中，儿童的心灵和体魄会得到很好的成长。

运动休闲风格是童装中最常见的风格，几乎每一个年龄段的孩子均适合穿着。运动休闲风格的服装能满足孩子们对于运动的欲望和需求，如活动自如的游泳装、简洁大方的运动校服、活泼可爱的舞蹈服……这些运动休闲风格的服装最大的特点是样式宽松，便于运动。它舒适的面料和色彩的自然运用，表达了一种轻松、自由的休闲着装效果。

非运动穿着的日常运动休闲风格的服装造型比较宽松，多为A型、H型等，鲜有紧身式造型。运动休闲风格的童装可以选择的面料范围比较广，纯棉、纯麻等透气性好、质地挺括的面料比较受欢迎。常见的服装设计细节往往通过拉链、缉明线、嵌边、夸张的口袋等款式特点来表现休闲风格。图6–11中的童装均属运动休闲风格。

图6–11　运动休闲风格童装

图6-12 嬉皮士式都市时尚风格

2. 都市时尚风格

都市时尚风格的童装也是当前童装市场的主流风格。在现代都市里生活的孩子们，在服装的选择上容易受流行色、时尚和明星们的影响，他们非常注重着装的时尚感。成人的流行风格在儿童服装上也会体现出来。

现代的生活节奏促使儿童较早地步入了时尚行列。牛仔文化、嬉皮士文化等要素也通过各种方式渗入孩童的世界，对他们的审美观产生了影响。如图6-12所示，单边的耳饰、破洞牛仔与正装外套的组合，是都市嬉皮士的典型搭配。生活在都市中的孩子，他们的服装以时尚、休闲为主流，结合抽象艺术、卡通艺术、传统艺术、写真艺

术等艺术潮流，形成了粗犷豪放与细腻精致并存的儿童服装样式，形成与时俱进的都市时尚风格。面料图案形式多样，常见变幻的直线条纹、夸张的卡通图案、简约的几何图形、传统的碎花等，服装的种类并无过多的约束，无论是针织套头衫、阔腿裤、时髦短裙抑或是休闲斜肩挎包等不同的组合，均展现出现代都市的时尚风貌。

如图6-13所示，女童大色块的风衣与光波条纹连身裙相搭配、男童印花T恤与休闲西装外套的搭配、女童拼色夹克与圆领T恤及阔腿裤的组合，都是都市时尚风格的表现。都市时尚风格的童装可选择的面料种类很多，设计时未必只选用一种面料，可能是多种面料的组合搭配，只要面料之间能够达到和谐的美感即可。

3. 前卫炫酷风格

前卫炫酷风格是一种比较超前的服饰风格，虽不如前两种风格普及，但也深受一部分年轻、时尚父母的喜爱。随着现代信息的日益发达，不少年轻人热衷于通过各类时尚媒体展示自己孩子的面貌，儿童着装前卫炫酷更能在这些媒体中获得他人的关注。

前卫炫酷风格包含的形式非常广泛，从20世纪60年代的卡纳比街头文化、70年代的幻觉艺术、80年代的乞丐装到现代的具有刺激、开放、离奇效果的儿童服

图6-13　都市时尚风格童装

装样式均纳入其中。设计师们从各类艺术中获得灵感，构成了现代超前意识的儿童服饰意象。一些童装设计受国际艺术的影响，前卫艺术、后现代解构主义等纷纷运用于童装设计，还把高科技成果运用其中，与正统的观念相对立。

　　此种风格的特征就是炫酷，一切具有炫酷视感、质感的面料都是很好的设计载体。如图6-14所示，具有光泽的皮革面料赋予了小男生帅酷的气质。设计师们用新型质地的面料，或是电脑印刷，或是运用高科技工艺手段以及用手绘涂染，在各类服装上发挥创意。一些服饰配件也对服饰风格的渲染具有很好的烘托作用，如服装的口袋、腰带、墨镜、手套等，都能尽情地表现前卫的艺术思想。酷劲十足、富有前卫感的户外装，包括自行车手街头装；走在流行尖端的明星装；银光闪亮的宇宙装等，都是

图6-14　炫酷风格的童装

前卫炫酷风格服装的典型代表。

4. 甜美可爱风格

甜美可爱风格的童装源于西方的唯美主义，有的人把它称为"公主裙"。西方唯美主义的服装以束腰的X造型为样式，配上灯笼袖和灯笼式蓬松的裙式，加上装饰的荷叶边、皱褶、镂空花纹以及绣花图案，女性味十足。冬装一般是选择红白或蓝白的花格呢面料，再搭配白色的短袜，女孩用扎成蝴蝶结的发带把长头发束在脑后，前额光滑有少许蓬松而卷曲的发丝，整个装扮好像一个漂亮的洋娃娃。此风格用于童装设计，需要按照儿童的体型特征进行设计，尤其是小童中童的服装不宜采用收腰的X造型，而是A型、H型等（图6-15）。

此种风格童装最常见的面料有各类的纱质面料、不同材质的花边或蕾丝、各种印花面料、有光泽的面料等，再辅助以缎带、蝴蝶结、漂亮的珍珠链，突出了小女孩的温柔、清纯、可爱和美丽，深受不同年龄段的女童喜欢。如图6-15所示，两种女童连衣裙采用的都是甜美风格最典型的色彩——粉红色系，虽然没有紧致的收腰，但唯美的色彩、层叠的立体花朵装饰于裙身、包袋及鞋子上，无不流露出浓浓的甜美可爱的风格气质。

图6-15　甜美可爱风格童装

5．现代野小子风格

现代野小子风格是小男生的最爱，由乞丐装、休闲装、运动装发展而来。这种服装随意而不修边幅、略带小叛逆的气质，针织绒线、牛仔布、耐脏耐磨的劳动布都符合这种风格特征。如图6-16所示，男孩裤子上飞溅的色彩和补丁式贴布设计带着一丝野性，搭配简洁的T恤，颈部的鞋子挂饰，服装个性飞扬，很适合那些喜欢打打闹闹、开始进入青春期、喜欢表现自我的小男生。有的小女生也喜欢这种装束，俏皮的小短发，俨然一副"假小子"样。

6．学院绅士风格

学院绅士风格的童装深受英伦、日韩院校服装的影响，服装端庄、严肃，造型简练而不繁复，线条流畅而有一定的力度，服装的外廓呈直线形。不少中小学以此种风格的服装为校服。

男生常见为小西装或是夹克配长裤；女生常见为A型连衣裙或是A型半身裙，搭配剪裁精良的西服式外套（图6-17）。服装强调合身的裁剪和线条的利落，色彩多以深色为主。它融合了成人的职业装、学生装、便装的多种元素，并以这些服装的概念为设计的主流。穿着这种风格的服装，女生显得清纯、庄重，男生显得矜持、有绅士风度。这种服装融合校园文化，具有重要的审美教育价值，为塑造好学生形象起到了积极的作用。此种风格的童装常见的面料多为品质较好的棉、挺括的毛织物或是混纺面料。

图6-16　现代野小子风格童装

图6-17　学院风格童装

图6-18 现代民间、民族风格童装

7. 现代民间、民族风格

顾名思义，民间、民族风格即运用了民间、民族、传统的装饰纹样或有乡土气息的面料以及传统手工刺绣来设计服装。

此种款式的童装多为中式造型，色彩多是传统式的对比色及浓艳的色彩组合，装饰以民族、民间具有吉祥含义的图案，常用刺绣、中国结、传统纽扣、扎染、滚边、花边镶嵌等传统工艺手法来进行设计和制作。棉、麻、传统工艺织造的面料、手工编织而成的花边、织带等都是民族、民间风格的童装常用的面辅料。从服装的实穿角度出发，民间、民族风格不常用于儿童的日常着装，一般是作为孩子的节日盛装或礼服。童装设计师们将民间、民族风格与时尚要素相结合，以使之可以融入孩子日常的服饰穿搭中，创造出一种符合都市生活的新型风格——现代民间、民族风格。如图6-18所示，女童的连衣裙由中国传统服饰旗袍改良而来，设计师保留了旗袍立领、大襟的结构，领口用更为符合儿童心理的蝴蝶结替代了传统的盘扣，下摆为小A型设计，精致的绣花蕾丝与纯色丝绸的双层叠加，将时尚与传统很好地融合在一起。

总体而言，童装的风格是一种倾向，设计师无须太过拘泥于风格表现的形式。不论是何种风格的童装，都应展现出和谐的服饰美感，设计师均需注重面料质感以及视感的组合所共同创造的美，即服装的综合形象美。不论是色彩还是面料的肌理、纹饰，各种服装整体的构成要素必须统一在同样一种风格中，如果风格各异，即使各自本身再美，也很难达到综合形象的和谐之感。色彩、肌理、纹饰与服装有着重要的关系。色彩是服装不可缺少的因素，由于色彩，服装才具有了鲜明的视觉形象；肌理在服装上的表现有强弱之分，无任何肌理效果的服装是不存在的，巧妙的肌理选择可以使服装形象更为生动；纹饰不是成人服装必备的因素，但对于童装而言，纹饰却是最常见、极为重要的装饰因素，从面料上的纹样装饰到配件上的纹饰效果，都增强了服装的艺术性；色彩、肌理、纹饰结合在服装这样一个综合的形象之上，发挥着同样重要的作用。服装是色彩、肌理、纹饰的载体，没有服装，色彩、肌理、纹饰之美便无从谈起。童装设计塑造的是服装的综合形象美，这是服装造型、面料色彩、肌理、纹饰等多个因素的综合体现，具体到每一套服装的设计组合，却是灵活的。就服装美学的角度而言，服装造型、色彩、肌理、纹饰风格统一，是比较容易达到和谐的视觉效果的，但是也不能够一概而论，有时打破常规的风格组合往往能够起到意想不到的效果，如飘逸丝绸面料与厚重呢质面料的组合、粗犷毛皮质地与华贵缎质面料的组合等，并非全然不可。设计师可以打破常规大胆创新，不拘泥于形式，能够掌握服装综合美的规律便是最佳的选择。

品牌童装的设计
基础思路

第一节　设计调研及分析

随着市场经济的发展，服装产业已由单纯的服装设计时期，转向市场因素、流行因素和技术因素等综合控制和发展阶段。服装设计代表一个国家经济和文化的发展水平，是知识经济时代的象征。童装是商品，童装具有巨大的消费市场和潜在需求，我国作为童装消费大国，童装消费呈现出多样化、品牌化的趋势。童装从产品设计到市场消费都应遵循商品的价值规律，符合市场需求，精准的调研有助于提高童装行业的设计水平及扩大消费市场。

调研对于任何设计过程来说都是必不可少的，它是先于设计而展开的创意理念初期的搜罗和汇集。这是品牌童装推向市场，获得客户的认可，既紧密贴近设计要求，又遵循任务书的限定，并且最终能够达成令人兴奋和有所创新的设计的必经阶段。优秀的童装设计师不仅需要具备服装创作的设计激情和创作天赋，更应是一个市场策划者，具有找准自己的消费人群、准确进行市场定位、把握产品的设计方向、延长服装生命周期的能力。市场的把控能力对于品牌童装的设计师而言是非常重要的，要针对童装产品的设计展开多方位、多角度的市场需求、消费者喜好和品牌风格等市场调研。良好的服装市场调研，不仅可以增加服装产品进入市场的好评度，提升消费者的服装品牌忠诚度，达到服装与文化的完美结合，而且还是服装企业依据市场反应，及时调整企业战略目标，实现服装企业可持续发展的重要保证。一些刚刚步入设计岗位的服装设计专业的学生，初入品牌服装的设计领域，很容易忽视产品的市场问题，不重视调研，设计时只考虑自己的喜好，单纯追求创意感、创新性，结果设计出的产品无法打开市场。

童装设计市场调研是采用科学的手段和方法，通过文案调研、观察法调研、问卷调查等多种方式收集服装市场数据，进行归纳、筛选、分析和总结，依此把握市场潜在需求、探求服装市场变化规律和未来发展趋势，提出应对服装市场的设计方案，并为未来的经营决策提供科学依据。

一、品牌设计调研手法及特点

童装设计师需要对所服务的童装品牌有足够深入的了解，这包含品牌定位，如品牌的风格、儿童年龄的定位、价格定位、品牌理念、产品策略等。总之，童装的有关资料和最新信息是每一个设计师需要研究和掌握的背景素材，它为童装设计提供理论依据。

文案调研法、观测法、问卷法等是几种基本的、最为常见的调研手段。

（一）文案调研法

文案资料包含文字资料和直观形象资料两种形式。文字资料可通过报刊、网络、销售报表等对童装企业内部和外部大量文献资料进行收集，并予以分类、整理和统计，同时通过服装的供求、消费状况、顾客的意见反馈和满意度记录等，挖掘真实的市场状况，预测未来发展趋势。同时还包括美学、艺术理论、中外服装史、相关文章等。直观形象资料包括各种专业杂志、画报、录像、幻灯片、照片及有关童装影视资料等。可以说资料是侧重于已经过去的、历史性的素材，在搜集资料时应尽可能多地查阅相关文字资料和形象资料，这样可以开拓思路，启发设计的创新性。如果资料收集不充分可能会造成设计的产品类似、相同或过时等问题。研究者要对有参考价值的文献进行筛选、分门别类作出标志，对关键内容和重要文字进行详情摘录、有效甄别并判断其价值，分类登记入册以备设计时参考。

文案调研法需要注意资料的权威性，应从具有权威性的出版物、部门或机构里采集数据。为了获得全面的资料，应按照市场调研前事先拟订的资料清单，详细、全面地取得所需资料，而后对资料进行严密细致地分析，得出合乎逻辑的结论。

（二）观测法

观测法是调查人员直接进入服装市场，以一个消费者的身份直接对服装销售情况进行摸底。在销售人员不知情的情况下，可利用现代通讯装置如录音笔、手机等，直观地收集服装销售过程中的第一手资料，加以汇总和分析，总结出服装设计与市场需求的符合程度等服装企业设计、经营、销售和售后服务所需的信息。统计数据可以通过计算单位流量顾客进入商场的行走路线，也可以是顾客对某一品牌的平均滞留时间，还可以是顾客驻足着意欣赏的服装种类以及顾客对价格的顾虑等。对顾客购买较多的服装进行分析研究，对无人问津滞销服饰进行深度剖析，都可作为童装设计师调整服装设计方向的有力依据。

童装设计师在进行品牌服饰的调研中，不仅需要对自己本品牌的童装有深入的了解，同时也需要对其他品牌的童装进行深入的分析，这样才能做到知己知彼。在选择调研的童装品牌时不是无目标、无针对性地广撒网，而是经过认真地比较与分析，有选择地开展调研工作。

首先，现场的选择需要具有代表性。观测者选取的观测点应该在该品牌中具有代表性，如一些位置比较偏远的销售点，所获得的观测数据就不具有代表性，反之亦然。再者，时间的选择也非常有讲究，一般来说，早晨店面刚开张时顾客稀少，至中午时分乃至下午是客流量较大的时候，至打烊时间顾客又会相对减少；工作日及休息日人流的规律也有所差别，这些都应在观测时充分考虑。进行服装市场的调研，观测的时间要分散，要在每个典型的时间段内采集观测数据，最后再进行统计与分析。最后需要注意统计的完整性，在一定时间和地点观测时，统计者需要不偏不倚将所有的数据完整无误地记录下来，这样数据才具有说服力。

（三）问卷法

问卷法是事先设定一定目的和数量的问题，要求被调研者进行书面回答的方法。调查者利用被测试者对问卷所作的回答，通过分析答卷来获取所需的材料。问卷法将研究主题设计成详细的题目，制成统一而有一定结构的问卷表格，分发给被测试者回答并及时收回。调查问卷中问题的设置有封闭式问卷和开放式问卷两种方式。封闭式问卷是指把问题与供选择的答案一起列入问卷，被试者必须在给定的答案中选择一项或几项加以回答，如"影响你选购童装的主要因素是：A款式；B价格；C为参加特定的活动。"开放式问卷是指问卷中只向被测试者提问而不提供备选答案，被调查者进行自由回答，如"你对款式细节有哪些建议或意见？""你对面料的问题还有哪些建议？"等。

两种调查问卷的方式各有优劣。封闭式问卷有利于被测试者正确理解和回答问题，研究者对答卷进行比较研究和统计分析也十分容易。但是这种方式可塑性差，比较机械，很难发挥被测试者的主观能动性。而开放式问卷可塑性较强、灵活性较大，可用来回答各类问题，但缺点是答案较多、答案复杂或甚至出现没有答案等问题。该类问卷有利于被测试者自由地表达己见，但所获材料的标准化程度相对比较低，难以进行整理、比较与统计分析。此外，如果开放式问题过多，将会占据被调查者较长的时间，甚至有可能引起被调查者的反感。因此，半封闭半开放的问卷较为理想。

总体而言，问卷法的优点还是非常明显的。首先，它能以较小的投入获取广泛的心理事实，一份问卷能通过现场发放、邮寄，或者微信分享的形式分发到成千上万个被测试者手中，搜集到广泛的心理资料。其次，通常问卷的被测试者回答问卷时无须署名，因此在填答一些敏感性和隐私性问题时，不会产生后顾之忧，能表达真实的想法，调查者通过问卷调查能搜集到较为真实的信息资料。再者，一些封闭式问卷因问题的设定具有规范化特征，可以利用计算机对资料进行统计分析，因而可快速地获得大容量的量化材料。问卷法的缺点在于问卷设计对所要调查的问题均作了预先设定，被测试者的回答已被限制，自己的情况不能完整地反映出来，因此研究者只能搜集到问卷限定范围之内的有关内容。问卷法是服装设计市场调研中使用最广的方法，是服装设计师推陈出新、开发出适销对路的新产品及服装企业顺应市场潮流、获得市场竞争力的有效手段。

调查问卷的题目一般控制在二十个左右，不超过三十个是最合适的。在这二十几个问题的设计中，既要保证它们不重复，让每个问题具有独立性，也要在问卷问题的设计上包含全面的调查信息内容。一份好的调查问卷不仅要简洁明了，而且要具有很强的概括性内容。

二、设计调研目标的选择

对于童装设计师而言，对服装款式的把控是重要的能力要求。童装设计师设计调研的首选目标就是自己所服务的童装品牌。设计师必须对自己所服务的品牌文化有深入的了解，一个成熟的童装设计师不是在设计时一味追求新、奇、特，而是要遵循本品牌文化，针对品牌的目标人群进行最为合适的设计开发。通常说来，品牌里每一季需要有一些具有独特性的新款，同时一些能够跑量的常规款式也是不可或缺的。设计师应对本品牌历年的销售情况有清晰的认识，通过报表等文案资料，了解历年销售情况。对经典款、销售业绩特别好或是特别差的款式，应细致分析，找出原因，做到心中有数，才能进行新款的设计与开发。

风格相似且具有代表性的其他优秀童装品牌也是童装设计师设计调研的选择目标。这类品牌童装是设计师们所服务品牌的竞争对手，对其销售情况的熟悉是设计师确定自身设计方案的重要参考。童装调研内容主要包括童装的档次、价格、销售情况、消费者对产品的接受程度和认可程度，以及将本地区的童装市场中同类童装与国际、国内其他地区的童装市场的同类服装相比较，本季的同类童装与往季的同类童装相比较等。相似风格的童装调研选择不仅限于相似的价格定位品牌，还需考虑到纵向不同价格体系的相似风格品牌。从纵横两个方面交叉比较，比较有利于帮助设计师从中了解童装市场的主导趋势和童装在不同市场的共性特征，采集系列设计所需的真实有形的和可实践操作的素材，如面料、边饰、纽扣等，收集系列设计所需的形象化的灵感素材，更好地着手设计，获得全面的参考资料。

不同风格的其他品牌童装同样也具备参考价值。设计典雅风格童装的设计师一样可以从其他品牌的运动装设计中获得灵感。

三、调研的主要方面

在设计过程中，廓型、材质（面料/任何材料）、肌理、色彩、细节、工艺（缝制/辅料/连接）、印花和装饰等都有其各自的地位，而这些在调研中都发挥着作用，对设计师确定主题、情绪基调或者概念都有重要的帮助。下面就挑重点的方面进行阐述。

（一）色彩

色彩通常是系列设计的起点，对色彩的考虑在调研与设计的过程中是不可或缺的。它通常是一件设计作品引起人们关注的首要因素，并且左右着服装或者系列设计被感知的程度。

　　童装消费者对应的是特殊的年龄群体，童装的色彩也具有其特定的科学内涵。童装的色彩包含两个层面，一是童装的流行色与地域时尚的关系，二是童装的色彩与儿童生理、心理本身特性的关系。国际上对童装色彩时尚与流行的研究与成人服装流行色研究并重。

　　对于童装的流行色研究与发布，各国皆有完善的体系。国际儿童时装展每年发布三次童装流行色的研究成果，这样不仅宏观锁定了全球的色彩流行趋向，又突出了不同地域的童装色彩差异与特色。童装生产厂商可以紧跟时尚的步伐，消费者也可以有"色"可依。图7-1是国外某品牌童装的主题调研页，可以看出在"海景画"的主题范围中，设计师已经对此主题的总体色调、图案方向、风格等进行了细致的规划；图7-2色彩的方向则更为明确，设计师对应潘通色卡，标明了几个主色的色号。这些细致的工作，是品牌童装设计所不可或缺的。

图7-1　国外某品牌童装的主题调研页（1）

1. MAGHI & MACI 2. VERONIKA RICHTEROVA 3. TROTTOLINI MILANO 4. ROSS LOVEGROVE FOR LASVIT 5. MAYORAL 6. TINA TERRAS AND MICHAEL WALTER

图7-2 国外某品牌童装的主题调研页（2）

（二）廓型与结构

廓型或者称为造型，从准确的定义来看，是指具有明确的外部边线的区域或者形状。是调研和最终设计的核心因素，没有造型，就没有时装设计中的"廓型"。相对女装设计而言，童装的廓型设计受到不同阶段儿童体型特征的制约，设计变化的自由度相对较小，对于不同品类的服装廓型调研，对童装的设计有着重要的借鉴作用。

服装的廓型设计，很重要的一点就是考虑结构问题和物体的构成与原理，要充分理解框架或部件支撑起造型的原理。童装设计在充分解析不同年龄阶段儿童体型特征的基础上，创意童装结构要素，而且这些结构要素又会转化成为童装设计。

（三）细节设计

服装的细节可以指服装上的所有东西，例如，明辑线的位置、口袋的类型、服装辅料乃至袖子、领子的造型等。童装的设计，尤其是一些安全性的细节设计，甚至是决定童装设计成败的关键性因素。

在设计调研时，童装的细节调研不仅局限于童装品类，不同的品类均具有借鉴性作用，但同样的设计细节若要应用于儿童服装，设计师则需要结合儿童的生理特征做调整与改良。例如，金属链条在成年女性或男性相应风格的服饰上均可使用，但如用于儿童服装就需要充分考虑童装的安全性要求，设计师可以将金属链条以印花的形式表现出来，也是一种不错的设计形式。

总而言之，服装的设计调研是在对服装市场准确定位的基础上进行的，为产品立足于市场，使品牌在日益激烈的市场竞争中站稳根基，进而取胜所必须的环节。

服装设计深受传统文化影响和制约，不同地区人们的宗教信仰、价值取向、审美观和风土人情存在差异。不同的地域人们育儿观念的差异，不同文化差别带来的层次化差异会造成服装消费行为存在差距。在品牌定位明确的前提下，设计调研大众化的粗略或个性化的细致等，都对设计的进展有重要的作用。

（四）其他有关信息

其他的有关童装的信息主要指有关国际和国内最新的流行导向与趋势。这类信息也分为文字信息和形象信息两种形式。信息是最新的、超前的信息，对于信息的掌握不只限于专业的和单方面的，而是多角度、多方位的，与服装有关的信息都应有所涉及。例如，最新科技成果、最新纺织材料、最新文化动态、新的艺术思潮、最新流行色彩、新的流行纱线、新的流行款式等。获取这些信息有助于设计师在设计中准确把握市场、定位款式。

总之，童装设计师依据市场调查，对自身进行合理、明确、独具个性的品牌设计和定位，有助于认清并发挥自身的优势，赢得市场。历史上成功的服装品牌，无论是男装、女装还是童装，其成功经验告诉我们，服装设计必须扬长避短，准确定位市场目标。在童装品牌日益多样化的今天，不同品牌童装竞争极为激烈，设计师更应在不断丰富设计创意和服装设计内涵的同时，在张扬个性中展现自我，把独特的设计魅力转化为市场形象，并将自身的风格和特性内化到服装设计上。童装设计师是品牌的灵魂，只有注重设计调研、洞察服装市场主流文化和发展趋势，才能创造出符合儿童生理规律、符合市场需求，具有独特艺术风格并深受父母及儿童喜爱的童装产品。

四、调研报告的形式及内容

完成整体的设计调研之后，一般需要完成一份调研报告以指导后期的设计方向。不少服装公司是将调研的工作以项目的形式外包给相关企业，这些企业完成调研后，调研报告就是最终交付服装公司的成果形式。调研报告通常由标题、目录、概述、正文、结论与建议以及附件等部分组成。扉页上会打印标题、报告日期、委托方与调查方等信息。下面就这种情况的设计调研来谈一谈调研报告的基本格式。

通常市场调研报告的标题及目录部分会标示出调研项目的名称和框架，使阅读者可以快速对整个调研报告产生认识。如果调研报告的内容、页数较多，还需使用目录或索引形式列出主要章节和附录，并注明标题、有关章节序号等。

概述部分则主要阐述调研的基本情况，按照市场调研的顺序将问题展开，阐述对调查的原始资料进行选择、评价、做出结论、提出建议的原则等。包含调查的目的、调查的对象和调查内容，以及调查研究的方法。

调研报告的正文部分需要准确阐明全部有关论据，包括从问题的提出到引出的结论及论证的全部过程。分析研究问题的方法，还应当有可供市场活动的决策者进行独立思考的全部调查结果和必要的市场信息，以及对这些情况和内容的分析评论。

结论与建议是撰写综合分析报告的主要目的。

此外，如果有调查报告正文包含不了或没有提及的部分，但与正文有关必须附加说明的，则放在附件部分。

第二节 品牌童装设计的基本步骤

设计调研完成后，设计师需确认设计理念、设计主题。设计理念是指设计的主导思想和着眼点，是设计的价值主张和设计思维的根本所在。设计理念是时代的产物，每个时代都有与之相适应的设计理念。设计理念又是设计师个人思考的结果，与设计师个人的价值取向、设计经历和艺术涵养有很大关系。品牌服装设计理念只是艺术设计理念的一个分支，其形成和变化必然受到后者的影响和制约。了解设计理念的概念，对于品牌服装设计理念的确立具有指导意义。设计完成的方案应该包括主题文字、系列产品风格定位、色彩倾向、时尚概念图、产界框架说明等。召开产品策划说明会议或与企业主要部门如经理部、企划部、设计部等一起讨论，听取意见、修改，至最后确认。在确认主题方案的基础上，童装设计师就进入设计工作环节，需设计完成具体系列产品。总体来说，品牌童装设计师的设计大致遵循以下步骤：

一、设计构思阶段

无论是哪一种服装的设计，其系列构思都需要从草图入手，这是款式设计的第一步。设计师依据调研获得的信息结合本品牌的文化设计定位，运用立体思维形式系列地构思新童装产品的设计草图。草图是系列童装构思中可视形象的表现形式，是对形、色等各要素进行延伸与组合的设想和计划。

二、绘制效果图阶段

这是设计的第二步。筛选构思草图，确定最佳设计方案。在挑选出来的草图基础上再进一步完善轮廓、细节、比例，最后调整至完成正稿，用绘画的手段绘制色彩效果图。它包括儿童体态动作构思、童装细节构思、着装效果构思以及绘画技巧和艺术效果的表达。图7-3是国外童装设计师手稿，效果图中人物形象比例合宜，服装细节清晰，相关主题的面料图案也一应列出。这种效果图非常适用于品牌童装的设计流程，无论是在制板环节、样衣制作环节还是大生产环节，都可以很好地表达设计师的构思，起到良好的沟通作用。

一些服装设计大赛也会采用效果图评比的方式，这是服装赛事的第一阶段，也是复赛时服装制作的依据。但是需要注意的是，参赛的服装效果图与品牌设计时创作的效果图还是有所区别的。参赛效果图是在比赛要求下的命题创作，优秀的效果图将烘托出童装创造的氛围以及情调，具有主题的内涵和耐人寻味的细节。一个系列的设计，应有相关的文字说明和主题，并对整个系列的主题灵感来源、设计意图、规格尺寸、材料要求、工艺要求、面料小样加以说明。如果版面不够，这些内容可以分散在几个不同的页面中。

三、款式图绘制阶段

画出正面款式图、背面款式图和结构图，是设计的第三步。服装款式图是以平面图形特征表现的、含有细节说明的服装设计图。在服装企业中，服装款式图有规范指导的作用。批量生产服装时，设计师要完成服装设计，并通过款式图表现出服装的款式特点、细节特征，后道工序的生产人员都必须根据所提供的样品及样图的要求进行操作，完成服装的批量生产。服装款式图是服装设计师意念构思的表达，设计师借助款式图完成设计理念与现实产品之间的转换。从这个意义上说，款式图的绘制比效果图更为重要。

图7-3 国外童装设计师手稿

　　服装款式图可以手绘完成也可以借助CorelDraw、AI等电脑绘图软件完成。前者比较自然随意，后者相对严谨，便于在电脑中进行资料分类，两者各有千秋，如图7-4、图7-5所示。童装的款式图应符合不同阶段儿童的身体比例，同时绘图应工整，能够体现工艺的要求。一些需要特殊说明的服装局部工艺特征，需要在款式

图7-4　手绘式款式图

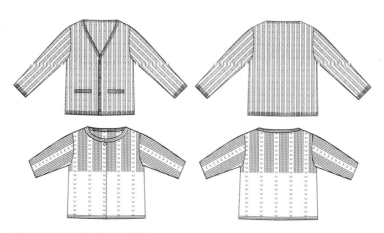

图7-5　运用绘图软件绘制的款式图

图上用局部放大图的形式重点画出来。在童装设计时，常常会使用一些特殊的细节设计、应用一些特殊的面辅料、不同功能的扣襻等，这些也都需要在绘制款式图时把它们清晰地表现出来，便于后道工序依此制作。最后，服装款式图绘制完成后还需要配上一定的文字说明，如特殊工艺的制作、型号的标注、装饰明线的距离、唛头及线号的选用等。这些内容可以直接用箭头在相关部位作出指引，并在边缘标注上文字说明。如图7-6所示是大童针织衫设计构思手稿，可以看到在一些特殊的位置，设计师进行了相关细节的标注。

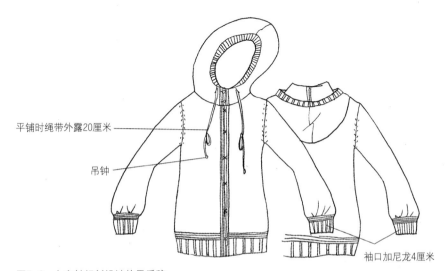

平铺时绳带外露20厘米

吊钟

袖口加尼龙4厘米

图7-6　大童针织衫设计构思手稿

四、样衣制作阶段

　　样衣制作包含纸样的制作、衣片的制作及完成衣片缝合几个步骤。纸样的制作是打板师根据设计师所绘制的效果图以及款式图制作的，尤其是款式图的比例、细节等信息是制作纸样时的重要参考依据。裁剪之后就是样衣的制作阶段，童装样衣的制作是根据童装设计效果图所表现的造型特征及其着装效果，选择适当的面料和辅料，通过结构设计、剪裁和工艺设计使样衣具体化和实物化的样品制作过程。需要依照选料和制作样板、制作样衣这些工序来进行。服装的制作是一个系统性的工作，一件服装的完成要经过多个环节，经过多个不同工序的人员之手，要保证最终服装的成衣效果，工艺单的作用功不可没。图7-7为国内服装企业的衬衫工艺单，其中对服装细节尺寸等都有详尽的描述。由此可见，设计师在绘画时不能过度夸张，按比例表现服装面貌是工业生产中重要的环节。

　　童装的选材不仅包括服装的面料，还包括各种辅料。在所选用的材料中面科是最主要的，它直接影响着服装造型的特征。因此，面料的色彩、质感、图案、手

图示：
（前）
0.5cm
0.1cm
21道坦克条，每道0.4cm宽
（后）
0.1cm
0.8cm包缝
洗唛倒向后身，
款号朝上。
12cm
2.5cm
0.8cm
3cm
15.5cm
里襟宽：0.5cm
16L
2.2cm　14L
3cm
0.6cm埋夹
两粒备用扣
7.5cm
0.6cm

注意点：
（1）缉明线顺直、平服，同一条线要宽窄一致。
（2）下摆要圆顺，左右对称。
（3）袖窿缉线要顺直平服，不可起扭，装袖要圆顺，刀眼对准。
（4）领子要左右对称，领角要方正，不可外翘，穿起领扣好后要服帖。
（5）袖衩长度准确，小心起毛，袖口圆顺，克夫左右对称。
（6）门襟要顺直平服，宽窄一致，门襟底边不能豁开。
（7）收省平服，省尖车1cm空针。
（8）摆缝埋夹小心毛漏/起扭。
（9）前中收坦克条宽窄一致，间距统一，数量准确。
大货样意见：
（1）前胸宽做到40cm，领围做到40cm，袖窿做到52cm。
（2）克夫只钉一粒纽扣（黄扣样为2粒）。
（3）各部位尺寸按要求做准。

图7-7　国内服装企业的衬衫工艺单

感、垂感应尽量与设计效果图的感觉相吻合。辅料和附属材料的选择，也应力求与效果图一致，同时制作要精细、考究，只有这样才能确保批量成衣的产品质量。

五、产品阶段

童装产品样品经检验合格，就会批量生产以推向市场。在此之前还需要完成两方面工作：产品的包装和试销。童装产品的包装设计包括有特色的产品商标标志、醒目的吊牌、包装纸、购物袋等能够引起儿童消费者兴趣和青睐的包装。而试销是通过童装展销会、订货会或市场试销洽谈会等形式展开，根据多方面信息反馈、再进行样品的局部修整或调板，满意后投放批量生产。

总体而言，童装从设计到产品推出，需要经过多个环节，每个环节环环相扣，缺一不可。童装的独特之处不仅表现在设计、工艺上，由于其特殊的销售目标群体，在店面陈列、营销手段、促销方法上也与成人装有很大区别。一个成功的童装产品，会在每一个环节都从孩子的心理出发，才能获得这些挑剔的小顾客的喜爱。

第三节　童装主题设计方法

根据品牌定位、特征，在不同的销售季选择合适的主题进行童装的设计创作，是童装设计师一项非常重要的任务，也是好的童装产品销售的第一步。选择童装设计的主题可以从以下几个方面着手。

一、从空间的角度考虑

在选择童装设计的主题时，可以从海、陆、空多围度进行思考，图7-8是从海洋的角度入手的童装设计。儿童的想象力远高于成人，在幼儿期最为活跃，想象力几乎贯穿在幼儿期的各种活动中。这是儿童心理发展过程中一个非常重要的时期，在此时期，包括想象力在内的认知能力会迅速发展。

图7-8　从海洋的角度入手的童装设计

图7-9　装饰拟人化汽车图案的儿童针织衫

在设计童装时，应大胆展开联想，各种现代的民用军用飞机、翱翔的大鸟、陆上美丽的风景、雄伟的高楼大厦、充满韵味的风土人情，行走、奔跑的各种动物、飞驰的各种车；鲜活有趣的海底世界，充满生命力的海底植物、可爱造型的卡通鱼、灵动游荡的鱼群，这些都是取之不尽的素材，都是儿童感兴趣的题材。

儿童有很丰富的想象力，在儿童的思维中，万物都是有灵性的。他们认为一切物件都是可以交流的，汽车能说话、小鸟会和自己做朋友、花儿会微笑……因此在设计童装时，尤其是设计幼童服装时，可以借助拟人化的手法来处理相应的主题素材，可能会起到不错的视觉效果。汽车麦昆就是一个非常典型的使用拟人化手法设计的卡通形象，它有个性、有情感、能交流，受到了儿童的喜爱（图7-9）。

此外，一些科幻的题材如神秘宇宙太空的猎奇，各种互相追逐的行星、飞船、太空英雄、怪异的飞碟等，都是儿童们所喜爱的主题。设计师可以在常规面料的支撑下，加入一些带高科技金属感的面辅料，融入科技感的银色和蓝色，都可以为这类主题起到很好的烘托作用。

二、借鉴其他服装品牌的设计元素

童装是一个特殊的服装品类，但是童装时尚并不是与成人的服装时尚完全割裂的，而是与成人服饰时尚有着密切的联系。它山之石可以攻玉，作为服务于童装品牌的设计师，应善于巧妙应用成人装中的时尚元素来确定设计主题。如时尚运动的Kappa、赛车极限运动的韩国品牌EXR，还有经久不衰的Adidas、Nike等品牌，都可作为各种运动风格定位的童装系列非常好的参考。

可以借鉴成人服饰品如鞋、帽、包、饰品等元素。这些元素借鉴更多的是细节的工艺处理及面料色彩的搭配。如包的搭扣处理、时尚风琴袋以及各种时尚的"章"（图7-10），运动鞋的配色及面料对比处理，街头风格的帽子绣印花和洗水工艺的组合，饰品的辅料组合处理等。这些元素的巧妙应用，会给童装带来一些别样的时尚感。

借鉴的成人装元素都是经过对比、筛选并且经过市场检验后比较好的元素，每个设计师找的品牌不同，即使相同品牌，角度、手法也不同，所以设计整合出来的服装，不会和其他童装品牌出现冲突。

图7-10　绣花形式借鉴了时尚的"章"的元素

再者，追随"当红"童装品牌，选择设计主题、确定设计风格也是一个非常有效的方法。每个品牌都有自己的优点和缺点，要追随它的设计强项和好的一面。如某品牌女童装好，某品牌男童装好，甚至具体到裙子、T恤、裤子、毛衣、棉衣等结构设计，应关注它们的设计优势，并根据自己所服务的品牌特点加以分析，吸收进本品牌的系列里，来保证设计的销售量。

三、分析总结本品牌销售较好的服装，做衍生设计

童装设计师应善于总结经验，对于本品牌销售比较好的服装进行分析，并可以结合新的主题进行一定的衍生设计。这一点对于刚刚迈出校门进入设计行业的设计师们来说尤为重要。

四、关注热门事件

一些热门事情中往往也会蕴藏着很好的童装设计素材，如奥运会、世博会等。毕竟，童装的穿着者是儿童，购买者却是成人，成人的关注热点会延伸至对儿童服装的挑选，而一部分孩子也会受到成人的耳濡目染，对这类热门事件比较感兴趣。热门事件有时会成为童装的一种免费的宣传，起到意想不到的推广效果。

图7-11为奥运前夕国外某童装品牌推出的奥运系列产品，该系列以红白蓝为主色调，大量使用条纹元素。品牌时尚大片则辅助以奖牌、奖杯等主题指向性明确的服饰配件及道具，很好地烘托出了设计的主题。

图7-11　国外某童装品牌推出的奥运系列产品

图7-12为在北京奥运会前夕国产某婴童品牌服装所规划的运动系列产品。裙装和裤子的图案中的人偶形象是该品牌的标志性卡通造型。因涉及知识产权问题，这些图案设计并没有直接使用奥运元素，而是配合了运动相关的元素。帽子的图案设计则借鉴了奥运的五环色，很好地衬托了奥运的主题。这些产品属于服装产品系列中的短线产品，在全民迎接奥运盛事的大背景下推出，必然会受到消费者的喜爱与追捧。

图7-12　国产某婴童品牌服装所规划的运动系列产品

第四节 童装设计的系列选择

服装设计系列作品，一般都会在前期根据主题进行调研，并通过深入调研和实验的方式，研究如何将灵感运用到服装设计中，通过提取造型、结构、轮廓、颜色、面料、比例、细节等内容，用服装设计的手法表达设计师的创意理念。这些主题来自多方面，包含绘画、摄影、建筑等多艺术领域，能够为服装设计提供很好的灵感来源。

对于品牌童装设计而言，系列化的设计可以调动消费者购买多款服装的热情，而主题则是童装产品系列化的中心脉络。产品系列的设计主要有以下几种分类方式：

一、按市场周期分类

根据童装产品在市场上预期销售时间的长短而确定系列内容，主要分为长线系列和短线系列。长线系列是指企业为了谋求某个系列能够长时间投放市场而开发的产品系列，具有市场表现相对稳定、产品风格比较成熟的特点，是品牌的主要产品线。长线系列是品牌的支撑性产品，代表着产品的形象，因此这些产品在市场上的稳定表现极为重要。每个流行季都可以推出的长线系列有利于品牌风格的形成。

短线系列是指企业为了抓住短暂的或应时的商机而开发的产品系列，有主题明确、标志性强的特点。不断地推出短线系列在一定程度上可以表现出品牌的市场灵敏度。短线系列往往与当时的热门事件、流行风尚等密切相关，借助这些要素的热点，达到推广产品的目的，如世界杯系列、奥运会系列等。需要注意的是，这些短线系列产品不能侵犯相关主题的版权。一些类似风格的主题也会起到很好的市场效果，例如，在奥运会期间，适时推出运动系列的短线产品，同样可以起到促进销售的效果。

短线系列具备试探性的特点，通过这些产品对一个未知的产品领域或目标市场进行探测，如上述在奥运期间推出的运动短线系列，当这个短线系列被超乎想象地接受之后，可能因为市场需求继续扩大而转变为长线系列。

二、按产品大类分类

根据童装品牌的经营、生产的专长，设计师还会从产品大类进行系列划分。一

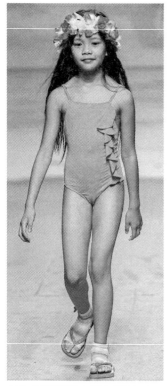

般生产型童装公司会根据本公司的生产设备及生产经验来确定产品大类，分为单品系列和多品系列。

单品系列是童装品牌专门开发某个品类的产品系列，具有产品指向明确、专业性强、产品质量稳定的特点，往往一个单品系列就可以发展成一个专业童装品牌。如羽绒服品牌、西裤品牌、泳装品牌等。图7-13为不同品类的童装，有儿童泳装及儿童礼服。

多品系列是指在一个系列名称内，产品的品类比较齐全的系列。多品系列具有品种丰富、搭配方便的特点。多品系列的开发通常需要较强的产品设计和产品组织的协调能力，要求设计师具有比较全面的童装专业知识。

三、按面料属性分类

按面料属性分类是以某一类面料为主而开发的产品系列。面料的特性决定了面料的外观、手感以及在生产工艺上的可能性，这种分类方式强调面料特色，是产品开发必须重视的基本因素。按照面料属性基础进行分类，可以分为梭织系列、针织系列、皮草系列。梭织系列是指以梭织面料为主开发的产品系列，梭织面料因纱线的原料成分、纱支粗细以及面料后整理技术的不同而成品效果迥异，面料肌理效果千差万别，在童装品类的应用范围很广，在设计上具有很强的表现力。针织系列是以针织面料为主的产品系列，针织面料因其舒适、柔软的特性而备受青睐，许多品牌增加了针织面料的比例，甚至将针织系列发展成为独立的系列。在当前休闲童装的开发中，针织系列是受欢迎度很高的产品。由于价格、环保等种种因素，皮草服装在童装中占据的份额不大，且以人造仿制皮草产品居多，如图7-14所示。

按照面料属性还可以进一步细分，如针织系列还可以细分为羊毛针织系列、棉针织系列等。

图7-13 不同品类的童装——儿童泳装及儿童礼服

四、按童装品牌风格分类

即根据童装品牌的风格路线，确定系列的风格归属，从品牌风格的角度策划产品系列。一般来说，一个品牌倾向于一种风格，根据童装品牌发展的需要，当一种风格不能容纳品牌战略发展的需要，或者某种风格过于笼统和粗略时，可以从兼容、并列、对立的角度，策划产品系列。一般分为主流风格和另类风格两大类。

　　主流风格是指符合当今市场风潮大趋势的风格，如图7-15所示为舒适休闲式，这类舒适休闲或是运动休闲的风格是童装中比较常见的典型的主流风格，能够被大多数消费者所接受。在主流风格中，依然存在多种不同的风格，不同的品牌童装会根据自己的产品策略而有不同的组成。而另类风格的受众则是小众的、小群体，典型的如蒸汽朋克、赛博哥特等。总体而言，无论是哪一种风格类别，童装设计师均需通过广泛深入的市场调研，选择某种风格倾向，结合品牌的总体定位、分析流行规律，做出预见性判断，进行系列策划。

图7-14　儿童皮草服装　　　　　图7-15　童装的主流风格——舒适休闲式

08

特殊风格、品类童装

前述章节主要讲述了不同年龄段儿童的服装特征，并对童装重要的设计点——图案色彩等要素进行了综述。这些内容对于各主流风格的品牌童装而言，是通用性的准则。但在童装中还有一些特殊的风格或是服装品类，其设计是有特殊性的。本章将对这些特殊风格、品类童装的设计要则进行综述。

第一节　成人化风格童装

无论是大童装还是小童装，大多均具有活泼可爱的风格气质。但是近年来，一些品牌也推出了具有成人化风格的童装。相对于传统童装以荷叶边、娃娃领、卡通图案为主，色彩丰富、艳丽，款式稚嫩的"童稚化"的设计理念而言，具有成人化风格倾向的童装显得更富有时尚性和风格多样性。设计更加贴近成年人服饰的流行趋势，将许多成人服饰中的流行元素直接或间接地运用于童装设计中，似乎成为一种流行趋势，甚至还有愈演愈烈的势头。很多小童的服装设计中都带有成人装设计的风格特征，如复古的色彩、抽象图案、金属元素、蕾丝等。另外，"成人化"的装饰也随处可见，仿动物皮毛的背心上钉满了闪闪发亮的铆钉、破洞牛仔裤等。有些品牌的小童系列服装还推出了公主服、绅士服、晚礼服、西服、紧身衣、漆皮外套、皮草披肩、尖头皮靴等高度仿成人化的设计，使儿童穿着后展现出一种"小大人"的模样，显得很独特、很有个性。孩童的天真感与成人式服装的风格形成反差，小大人感的童装深受一些时髦妈妈的喜爱。

但童装的"成人化"风格并不仅仅是单纯地将成人的服装缩小比例，盲目地跟从成人服装的潮流。在吸收成人流行时尚元素的同时，童装的设计仍需兼顾孩童的生理特征，在款式上进行相应的设计。

一、成人化风格服装特征

款式特征：款式设计取自成人装的设计概念，类似成人装的缩小版，但在服装的细节上基本符合不同阶段儿童的生理特征。

色彩特征：传统印象中的童装往往色彩明快，装饰着大面积的图案，符合儿童活泼的个性特征。但成人化风格的童装不仅在款式上接近成人服装，在色彩上也显示出成人化的倾向。色彩往往比较淡雅，以纯色、深色为主，图案面积较小，黑色、灰色、藏青色这类沉稳感十足的色彩被很多"成人化"品牌童装所青睐。这类深色系及无彩色系的配色虽然能够体现出精致、典雅和高贵的品质，但黑、白、灰的大面积运用令人产生冷淡、压抑的感觉。

面料：成人化风格的童装所用的面料一般与成人装面料风格一致。但一些适用于成人服装的硬厚面料，如一些不透气的皮革等材质，在童装设计上则不太适宜。

图8-1是国外某品牌婴童成人化风格服饰，白色的小正装将孩子衬托得格外可爱；图8-2是小童穿着成人化服装的案例，成人西服经典的藏蓝色用于小童服饰，小大人的感觉一览无余；这两款服装虽然在款式上接近于成人正装，使用的也是成人正装常见的面料，但是从细节不难看出是做了设计改良的，造型相对宽大，无收腰等细节设计，和成人装全然不同。

图8-1　国外某品牌婴童成人化风格服饰

图8-2　小童穿着成人化服装

二、一些成人化风格童装设计存在的误区

目前市面上各品牌所销售的成人化风格童装，最大的问题是盲目拷贝成人装的款式造型，不符合儿童的生理结构特征，完全是成人服装款式的缩小版。如一些低腰裤、露脐露肩短衫、抹胸、小坎肩等设计在童装甚至是幼童服装中也使用频繁，还有亮片、刺绣、喇叭型裤腿、荷叶边等流行元素，以及洗旧的牛仔、涂鸦、街头文化等成人服装中惯用的前卫元素，在成人化风格的童服设计中时常可见。这种单纯的拷贝式设计具有一系列的安全隐患，一些紧身的服装可能会影响儿童的生理健

图8-3　儿童合身牛仔裤

康发育。图8-3为儿童合身牛仔裤，虽然在造型上颇具小大人的成熟可爱感，实际上这类裤装儿童穿起来舒适性不高。尤其是已经入园的小童，正在学习基本的生活技能，如果这类裤子前门襟使用拉链的话，孩子使用起来会非常麻烦，幼儿园等机构一般也不建议孩子们穿这类服装上学。

成人化风格童装设计的误区还体现在文化差异上。一些童装的设计盲目跟风国外流行的童装款式，国外的儿童在跟随家长出席一些晚会等重要的场合时穿着礼服类服装，例如礼服、紧身衣、绅士服等。这些童装在国外深受儿童及成人喜爱，但由于文化及生活习惯的差异，这类服装在我国人们的日常生活中穿着的频率并不高。以女童的礼服裙为例，一般已入园或是入学的孩童，上学的服装以简洁和便于活动为佳，宽大的裙摆很容易勾挂物件产生安全隐患，并不适合日常穿着。这类童装在总体销售的童装中所占份额是比较小的，童装设计师应遵循国人的穿衣习惯，正视文化差异，在借鉴与学习中设计出符合国情的童装。

三、成人化童装的设计规则

成人化风格童装款式设计可以借鉴成人装，但应推陈出新，不可只是简单将其版型结构等比例缩小。成人化风格的童装虽然在设计中吸收了成人服装中的许多流行元素，但童装毕竟是童装，款式设计还是要首先考虑并且要照顾到孩童生理、心理发育特点，以免过紧的服装款式影响到孩子的健康成长，一定要杜绝照抄成人服装中的那些为了展现个性和前卫而压迫、束缚身体的款式，即要在充分把握好儿童生理变化特点的前提下再进行设计。

款式：儿童体型没有发育完全，在形体上主要表现为头大，肚子凸，身体挺并向后倾，脖子短等。为了修正体型，设计师在设计成人化风格童装时，可在细节上多下功夫。例如，上装可以提高腰际线，将侧缝线往后移，来加大腹部的容量，使收腰的部位避开肚子凸起的部分，也可以从视觉上加长。在结构设计细节方面，童装本身就以宽松为主，因此成人化风格童装结构设计时也因参照该特点。儿童穿着适当宽大的服装活动时，服装和皮肤间产生的轻微摩擦使皮肤不断受到温和的触觉刺激，这种刺激有利于儿童的身心健康。秋冬季童装结构设计要求开口小，一般可以把领子、袖口、下摆等设计为收口款式，这样更有利于保暖。儿童服装比成人服装在要求上更为细致。图8-4是幼童大衣袖口细节，大衣的袖口内部增加了松紧带，看似不起眼的细节，有效防止了儿童大衣袖子内部衣物的滑出，在儿童身穿多件衣服的情况下，既保暖防风又美观大方。又如高腰裙装设计，成人的高腰裙设计重点是合身，一般在背后开个拉链即可，当相似的款式应用于童装设计时，除了成人装高腰裙同样的拉链开口设计外，根据小童的身体特征，还需考虑孩童腹部凸起的特点，一些童裙的设计会在侧身安装松紧带，在小童饱腹的状态下有利于调节裙身大小，不会使儿童产生紧绷感。再如，成人化风格童装中很受家长们欢迎的衬衫设计，无论是男孩衬衫还是女孩衬衫，均不宜采用收腰式设计，一般多为直身或是A字型廓型结构，略阔的衣身及下摆相对成人的普通衬衫放松量要大，更适宜儿童穿着。

图8-4　幼童大衣袖口细节

　　色彩：虽然目前市面上各品牌成人化风格童装的色彩趋向于黑白灰等经典色系，但童装的色彩与成人装是有区别的。从服装心理学的角度来说，童装色彩的应用会直接影响到儿童的视觉与心理。根据不同阶段的儿童心理特点，即使是在款式上偏向成人化风格，也可以使用一些相对较为明亮、醒目的色彩来表达儿童活泼、天真的特点。

　　国内市场的一些小童服装，设计师为了设计出成人化风格的童装，大量使用灰度较高的中性色调搭配，其实这并不太合理，容易显得压抑。设计可以适量使用黑白灰的中性色，并搭配少量艳丽的颜色来作为调和，就可以很好地把握童装"成人化"的这个"度"。这样既能提升审美品质，同时又可以使服装显得不那么沉闷。

　　面料：儿童正处在快速生长发育时期，皮肤娇嫩，童装设计对面料的要求尤为严格。各国对童装面料的要求各不相同，但总结下来基本体现在舒适性、安全性和环保性三个方面。随着目前面料科技含量的提高，童装面料得到了不少改进，越来越多的面料达到了这三方面的要求，手感柔软、透气、热湿舒适性能好、富有弹性的童装面料比比皆是。如棉布、绒布、针织布、天然纤维面料等。另外，还可以对一些普通面料进行特殊处理，例如对牛仔进行砂洗处理，从而改善其织造工艺，可以使牛仔质地变得细柔软滑，透气性更佳，使其更适合作为童装面料。成人化风格是童装众多风格形式中的一种，面料的运用依旧需遵循童装设计的一般规律。

图8-5　炫酷的大童装

总之，设计师即使是设计具有成人化风格的童装，依旧不能背离儿童的生理发展规律。一般来说，越小孩子的服装款式、色彩、面料等方面的要求越高，对设计师的束缚就越大；而设计大童装时，设计师可以发挥的创意空间就比较大了。图8-5为炫酷的大童装，紧窄的裤型，炫酷的铆钉，和成人装非常接近。相关要求在前面婴幼儿及幼童等服装中已有叙述，此处不再赘述。总而言之，不能盲目地将成人服装缩小化来作为童装的参照，应认真总结出成人服装和小童服装设计中的一些共性因素以及不同之处，从而在时尚与童真之间找到更好的平衡点，才能设计出真正符合市场需求的童装服饰。

第二节　儿童礼服

一、儿童礼服的概念界定

一般认为，儿童礼服是在欧洲儿童的着装上演变而来，但时间无从考证。19世纪以后，工业革命改变了服装的制作方式，儿童礼服工艺复杂，手工较多。礼服的英文名称为"Party Dress"，Party是人们为了庆祝某事得到邀请而聚集在一起，如生日会、晚会等。由此可见，儿童礼服就是儿童社交场合所穿着的服装。

儿童礼服可以说是儿童服装成人化的一个特例，因此本节单独叙述。

二、儿童礼服市场综合情况

近年来，随着收入水平的提高，儿童礼服已开始受到生产商与消费者的重视，虽然儿童礼服占据总体童装市场的份额很小，但是由于我国的人口基数大，即使较小的比例也是相当可观的数字。现在的父母越来越具有款式意识，儿童礼服这一特殊的服装品类受到不少年轻父母的喜爱（图8-6）。作为礼服的一个分支，童礼服也有很多手工艺部分，因此儿童礼服往往价值不菲，但随着中国青年一代生育年龄越来越晚，他们有较强的经济实力为子女购买较贵的服装，特别是那些能够体现其风格的服装。

中国的独生子女政策已施行三十多年了，人口控制及晚婚晚育为独生子女提供了更好的经济条件，父母们愿意在孩子身上投资，愿意购买孩子喜爱的服装，这使儿童礼服市场具有很大的潜力。

图8-6　儿童礼服

三、儿童礼服的分类

儿童礼服的种类有很多，大致可以分成以下几类。

花童礼服：指在婚礼上小花童的礼服，女童的款式有点类似于婚纱，男童的款式一般为小正装，打扮得体可爱的小花童可以活跃现场气氛，会让整个婚礼令人难忘又充满爱意。

童装晚礼服：这是西方儿童在社交活动，如晚间聚会、仪式、典礼上穿着的礼仪用服装。在这样的场合孩子们穿着晚礼服会显得格外高贵，不仅引人注目，气质也相当出众。一般礼服的面料以缎布等质地相对厚重的居多，显得高贵典雅。

儿童纱裙：穿着范围相对广泛，可以日常穿，也可以在生日会或者有表演的时候穿着。一般选择高档纱做面料，相对轻盈舒适，不仅穿着舒服美丽，更有一种梦幻高贵的感觉。

儿童舞台裙：舞台裙顾名思义就是舞台上穿着的，一般是孩子要出席钢琴表演或者舞台表演等穿着的。儿童舞台裙根据出席的表演所选择的面料也各不相同。

四、儿童礼服的特点

（一）款式特征

虽然儿童礼服与成人礼服在款式上有很多相似之处，但是两者的区别还是非常明显的。首先是体形上孩童还没有完全发育，没有胸腰臀的曲线差，因此一般都无明显的收腰及胸垫等塑形设计。无论是男童礼服还是女童礼服，都为符合孩童形体特征的H型或是微A型（图8-7），一般不进行收省的处理。图8-7所示的女童小礼服裙下摆向外扩张，呈现A型造型，显然是宽松舒适的。成人礼服则不然，成人礼服款式比较注重美观修身，成年女性的礼服一般都有收省处理使其达到贴身的效果，此外往往会使用胸垫（图8-8），一些款式还需在礼服的分片位置使用鱼骨以达到塑身的目的，这样可以更好地突出成人的曲线美。由此可见，穿着者的体形决定礼服的基本廓型。此外，成人礼服的穿着因场合而异，规范性比较强，而儿童礼服的穿着规范则相对较为宽松。

图8-7　造型宽松的儿童礼服　　　　　图8-8　使用胸垫的成人礼服

（二）色彩特征

儿童礼服与成人礼服用色规则也是不同的。从服装心理学的角度分析，孩童对于鲜艳的色彩更为青睐。因此，即使是礼服设计，儿童礼服的色彩也更偏向于活泼明快的色调。为儿童选择礼服时，可以根据孩子的肤色来加以判断，如果孩子的肤色偏暗，高纯度、明度、色彩鲜艳的礼服会让孩子更加醒目精神；假如孩子的肤色偏亮，那么各种色彩基本上都是适宜的，像红色、黄色、粉色这类色彩，会让孩子更活泼亮丽。即便是黑色、灰色这类色调，也会显得孩子清秀雅致；如果孩子形体偏胖，冷色或是深色是不错的选择；如果孩子形体偏瘦，暖色系的礼服——如米色、粉色这些略带扩张感的色彩会让孩子显得圆润可爱。儿童礼服的色彩设计没有固定的格式，设计师需要根据具体的穿着场合、所服务品牌的年龄定位、价格定位等综合因素加以判断。

（三）面料特征

常见的儿童礼服面料如网纱、冰沙还有绸缎等，这些面料在灯光的照射下更能衬托礼服的美感。目前市面上常见的童礼服，以蕾丝、缎及各种材质的纱为主流面料。这些面料的具体性能如下。

纱质面料有透明或者半透明的质地差别，且有软硬之分。一些偏软的纱手感顺滑，多层叠加之后会产生朦胧的效果。纱质面料既可作为主面料使用，也可以与其他类型的面料配合使用。纱质面料轻柔飘逸，特别适合在上面装饰蕾丝、缝珠和绣花，表现出浪漫朦胧的感觉，适合一些渲染气氛的层叠款式、公主型宫廷款式等。如果是紧身款式可以作为简单罩纱覆盖在主要面料上。如图8-9所示的蕾丝为主的女童礼服，裙身下摆为蕾丝搭配多层纱质结构的蛋糕裙，多层的纱质衬托出这个年龄段孩童的活泼、可爱又不失大气。

图8-9 蕾丝为主料的女童礼服

蕾丝面料分软蕾丝、车骨蕾丝等，蕾丝原本是作为辅料来用的，现代工艺赋予了蕾丝精雕细琢的奢华感和唯美浪漫的特质，蕾丝在女性的礼服中占据了半壁江山。蕾丝特有的肌理感配合钉珠、亮片、刺绣等工艺，能够很好地表现女性的优雅气质。加之蕾丝有较好的弹性，用于一些直身或者带有小拖尾的款式上，可体现出穿着者的玲珑身材。女童的礼服设计，蕾丝也是常见的面料之一（图8-10）。

缎面是一种比较厚的正面平滑有光泽的丝织品，绸缎或锦缎制作的面料，也是成人及儿童礼服中常见的用料。缎面织物表面光滑有光泽，缎类织物是丝绸产品中技术最为复杂、织物外观最为绚丽多彩、工艺水平最高级的大类品种。古香缎、织锦缎花型繁多、色彩丰富、纹路精细、雍华瑰丽。缎面织物的表面平滑光亮，其质感和光泽深受设计师们和穿着者的喜爱，用于礼服设计可以着重体现礼服的线条感与容重感（图8-10）。

不同的面料，会表现出不同的服装效果。棉麻细布给人以质朴大方的感觉；真丝绸缎给人以高雅飘逸、楚楚动人的感觉；人造丝、涤棉等材质可以表现出怀旧情绪；软硬纱的结合，则显得俏皮可爱。面料自身的软硬、薄厚、肌理、光泽等

图8-10 缎面与蕾丝结合的女童礼服

因素，直接影响着服装造型设计和服装效果的实施，即使是同一类面料，在外观上也有所区别。由此可见，即使礼服样式相同，但选用不同的面料，也会得到风格完全不同的效果。

设计师在设计儿童礼服时，需按照不同场合的礼服穿着需求，认真对比不同面料所能体现出的质地与风格差异，最为重要的是要按照不同年龄阶段孩子的生理特征来进行设计工作。

（四）其他

儿童礼服与成人礼服的设计差别是由儿童生理特征决定的，这是设计的基石，儿童礼服的设计需符合孩童生理发育节奏。礼服的制作工艺与日常服饰差别较大，拿服装细节的安全性来说——儿童礼服的一些细节性装饰设计要符合国家对于孩童服装的安全性要求，主旨即保护孩童的安全。这部分的详细内容在不同年龄的孩童服装设计章节中均有提及，此处不做赘述。一些大童身体发育较快，逐步开始具备了成人的生理特征，在定制礼服时，设计师可以根据实际情况调整设计细节。

从装饰的工艺手法来看，儿童礼服的设计与成人礼服的设计并无本质的差别。根据设计的需求，蕾丝、缎带、定珠、绣花、荷叶边等均可用于儿童礼服的设计，符合童装的安全性要求即可（图8-11、图8-12）。

图8-11　运用刺绣、定珠、立体花片装饰的儿童礼服

图8-12 不同装饰手法的儿童礼服

第三节 校服

　　校服作为服装类别之一，成为一种具有特定学校标识的服装，它能直观地反映学生的着装面貌。作为传承校园文化与精神的纽带，校服在潜移默化中塑造学生的人格，提高学生的综合素质。校服根据不同年龄段可分为小学、中学、大学校服。从我国的学校总体状况看，孩子们进入大学之后更为注重服饰的个性化，因此我国大学校园里鲜有校服。国外大学的校服文化比较普及，但是校服并不是一种规定式服饰，而是成了一种特有的文化，大学生们一般会购买一件有自己学校标识的校服以做纪念。同时，这种校服的售卖对象也不仅限于校内的学生，而是面向所有喜爱该校园文化的群体。

本节重点讲述中小学校服，并对大学校服文化做一定概述。

一、校服的概念与总体状况

校服是学校统一发放的学生服装，是一种区别于日常服装的独特服装类别，具有整齐划一、朴素、美观大方等特点。中国真正意义上的学生校服最早是从辛亥革命以后西方洋学堂的出现而开始。当时中国开设了很多学堂，学校发给学生统一的衣服、帽子、靴子，这可以说是中国学生校服的开始。1993年原国家教委发布《关于加强城市中小学生穿学生装（校服）管理工作的意见》明确指出：在城市范围内的中小学生统一穿着学生服装，其服装不是时装、礼仪装和运动装，是指学生日常穿着的服装。从此，中小学生统一着装开始在城市和有条件的乡镇普及开来，并逐渐形成习惯，成为学校的一道风景。中小学生穿着校服的目的在于培养学生们的团队精神，树立学校优良的整体形象，增强集体荣誉感。

目前我国中小学普遍使用校服，校服也是展示学校及学生们精神面貌和文化内涵的途径。良好的校服款式设计，往往能带给人一种视觉上和心理上美的体验，特别有利于学校形象的传播，促进学校与社会相结合，提高学校的辨识度，增强学校对社会的影响力。总体来看，欧美以及日韩等一些国家和地区校服款式设计比较成功，尤其是日本和韩国的校服设计，能够跟随流行趋势，同时也符合学生积极向上的现代意识，校服时尚而美观。反观我国中小学的校服，多以松松垮垮的运动服为主，造型宽大，舒适有余美观不足。男女校服之间没有明显的性别差异，款式单一，受欢迎程度低，校服很难突显传统文化和校园文化。随着年龄的增长和个性化需求，孩子们对于校服有自己独到的看法和见解，校服甚至成为"丑服"的代名词。如何借鉴当下国际成功的校服设计经验，在研究国家历史、区域文化的基础上，提炼出校服的设计元素，并融合时代精神，体现学生新风貌，这是服装设计师们值得深思的课题。

二、校服的设计理念与设计原则

（一）设计理念

我国使用校服的群体为中小学生，小学生的年龄段在6~12周岁、中学生在12~18周岁。因此校服设计的总体原则应该是关注学生在不同阶段的身体和心理成长，同时校服还应积极向上，要阳光、富有活力。校服代表着一个学校的形象，所以既要时尚又不能太非主流。校服的穿着场合以学校为主，学生在学校的主要任务就是学习。因此，校服在风格上以简洁为主，款式美观，一般不建议有华丽和烦琐的装饰，要在体现现代学生个性、现代校园文化的基础上与美观相结合。设计校服时，设计师应充分做好调研，要与学生内在需求相结合，发挥校服的象征性作用。

校服力求活泼而又不失严谨，颜色的选择上应给人以清新大方的印象，以轻松而稳重的颜色为宜，避免绚丽的色彩分散同学学习的注意力。一般不宜用强烈的对比色调。

学生处于生长期，活动量较大，服装的更换频率较大，因此校服的面料以耐脏、耐磨、耐洗、透气、质地舒适、富有弹性为宜。

如果是设计大学校服，则务必以突出该大学的校园文化为原则。大学校服一般不是学生的规定穿着，不仅该校的学生可以购买，一些校园的参观者也会购买留念，因此设计时需要注重时尚度。

（二）设计原则

校服设计的总体原则是要体现服用功能和安全性。服装在美观的同时应符合人体工学，设计师需根据不同着装对象、场合考虑对应的活动量，达到既美观又舒适的目的。中小学生正处于生长发育期，活泼好动，因此校服的设计要利于活动。

三、不同阶段的校服设计差别

不同阶段的校服设计需区别对待。由于小学与中学的教育程度、学生的身体发育程度、思想成熟状态等方面的差异都非常显著，所以小学生的校服与中学生的校服都应独立进行有针对性的设计。中小学生的校服是他们在校园内规定的衣着，而大学生是否穿着校服一般无强制性。不同阶段的校服，穿着对象年龄阶段不同，设计的目标定位自然也不相同，设计应是有所差别的。

（一）小学生校服

小学生的年龄通常在6~12周岁，小学生生理特征具有儿童或少年的特点，活泼、好动，思想也相对单纯。我国在小学阶段设立的是初等教育，孩子们对社会的初步认识也在这一时期形成。从生理特征来考虑，小学低年级与高年级对于校服的要求是不同的。设计小学低年级学生校服时，应适当借鉴童装的风格特征，色彩可鲜明、轻松。孩童进入小学高年级之后，生理上会产生较大的变化，学生的身体已经开始发育，如果服装的造型过紧则不利于少年身体的成长，也难以适应少年身体的高度与围度的增长速度。但是从客观的实际情况看，整体校园服装需整齐划一，因此很难从款式上将同一学校的校服区分为高低年级。一般在设计小学校服时，考虑到孩子的成长发育，风格上过于童装化难以与少年成长的心理需求相协调，所以校服在造型与结构上根据少年时期学生的特点进行充分的考量，以宽松的款式居多，以适应小学生在不同成长阶段的心理要求，同时也能达到服装整体风格统一的要求。

（二）中学生校服

中学时期的学生年龄在12~18周岁。这一阶段的学生在生理与心理上都开始成熟，人生观与世界观逐步形成，他们有朝气、有活力、有强烈的社会参与意识。与小学生校服相比，中学生校服的设计风格更加严谨、稳重，尤其是高中生的校服可以具有成年人制服的相应特征。但是整体上中学生校服的造型与色彩在稳重的风格基础上，还应更多地体现中学生的青春与活力。

（三）大学生校服

大学校服的设计应具有鲜明的校园文化特征，院校的校徽、标志性的建筑、校园吉祥物等均是设计可考虑的元素。国外高等院校的校服较我国先行一步，校服文化已非常成熟，校服不仅在校园销售，还在校园周边的城镇销售。校服不仅包含了不同季节、不同品类的服装，其款式多样，不同性别不同年龄层的人都可以穿着。不少院校还与著名的服装品牌相联合，推出联名校服设计，如图8-13所示，儿童所着的即为美国某州立大学与著名服装品牌耐克合作推出的校服T恤。如图8-14所示为该大学的吉祥物，将校园文化的要素运用到各类周边设计中，形成了一个完整的体系。

图8-13　品牌与大学合作款校服

图8-14　校园吉祥物及运用校园文化要素的周边设计

四、校服的设计表现

主题设计：校服是以学校集体生活为前提的，学生穿着后应具有简洁、统一的风格，这是一种群体性的服装，设计师应切记一个原则——集体>个体。在设计时，设计师应首先考虑服装群体的视觉效果，同时从服装个体的着装效果出发进行款式的设计与开发。校服的款式应注重美观大方，摈弃过于烦琐或华丽的装饰，同时还应有统一的标识。中小学生校服的主题设计要体现青春与朝气，还应充分平衡教师服与学生服之间的协调，使服装有系列感，才能达到统一的整体效果。

款式设计：校服是校园文化的体现，因此校服的款式设计一定要体现出学校严谨、庄重的一面，并配合一些时尚的元素。校服的设计还应考虑男女生的性别差异，突出不同性别的魅力、学生青春而富有活力的多彩个性，达到校服实用性与美观性的完美统一。

色彩设计：我国中小学生常见的校服色彩有藏青、酒红、墨绿、灰、白等，并搭配一个辅助色。因校园文化不同，校服的设计不能一概而论，但总体的色彩原则是：校服的色彩设计不能与校园氛围相违背，需考虑穿着者的年龄层次、生理特征及性格特点，要结合该校所处地区的地域气候特点和民族文化特色；校园是校服穿着的主场所，校服的色彩设计还应综合考虑学校自身的校园文化背景，以及建筑色彩等因素。

面料设计：校服要伴随学生度过长时间的学习和生活，面料的选择非常重要。中小学学生的活动量很大，校服面料不仅要耐脏、耐磨，而且还需要透气，利于活动。前述章节讲述了不同阶段的孩童服装的面料需求，校服的设计也应在符合该阶段孩童生理特征的前提下进行选择。因校服面向的是普遍性团体，设计师应在综合分析校服受众的经济承受能力基础上，尽量选择低碳环保的健康面料。近年来出现的彩棉、莱卡、黏胶纤维织物等面料，极大地适应了校服面料的需求。

细节设计：也即校服的局部设计，是校服廓型以内的零部件的边缘形状和内部结构的形状。校服的细节设计需充分体现功能性与审美性的有机统一。服装的部件可分为衣身、领、袖、口袋、门襟等；主要配件有：纽扣、拉链、领花和领带等；此外图案也是服装细节设计的重要元素之一。设计师进行校服的细节设计可以从部件设计、配件设计或图案设计这些角度来进行分析研究。

机能设计：中小学阶段是孩子体型变化最大的阶段，而且运动量较大，因此在进行结构设计时应更多地考虑人体工学因素，综合考虑中小学生的成长状态和运动量相对较大的特点，一些关键部位可采用调节式结构，如腰围、袖长、裤长等位置，通过可调结构使其尺寸能产生变化，以适应中小学生体型逐步加大的生理特征。

五、校服的设计风格

校服设计最常见的两种风格是制式风格及运动休闲风格。

（一）制式风格

随着我国人民生活水平的提高，大统化的校服款式已经满足不了学生及家长的需求，极具个性化的制式校服开始受到了孩子及家长们的欢迎。制式校服设计精心、材料精良、制作精细，我国的制式校服受英伦、日韩校服影响较大，设计中添加了很多时尚元素。以此类校服中的英伦风格为例，英伦风源自英国维多利亚时期，以优雅、自然、含蓄为风格特点，常使用苏格兰格子面料，剪裁简洁修身，能够体现出绅士风度与气质，带有浓厚的欧洲学院味道。英伦风的主色调多为黑、白、红、藏蓝等沉稳色彩，图案以条纹及方格为主，彰显古典、优雅而沉稳的整体风格（图8-15）。

图8-15 英伦风制式校服

制式风格校服在视觉上给人庄重且严谨的印象，配色多选用中性色。无论是英式或是日式，制式校服男生一般以衬衣、西装外套搭配西裤；女生则是衬衣、西装外套搭配百褶裙。与运动休闲式校服相比，制式风格校服对设计版型、面料材质及加工的要求更高，在追求舒适的同时，更加注重服装外观的挺括与大方，以彰显学生的精神面貌。

制式校服常用面料有三类：仿毛面料、含毛面料、纯棉或棉混纺面料，这些面料挺括抗皱，具有很好的品质感。常见的有毛涤混纺、卡其斜纹布、纯棉面料、棉涤面料等。

（二）运动休闲风格

这是我国校服最常见的风格，款式简洁大方，穿着便捷舒适，受到了许多热爱运动的青少年的喜爱。运动类校服属于运动功能性很强的服装，给人的直观印象是健康、活泼，其设计通常会突出对比色彩及造型动感的特点。

运动休闲风格校服春秋季多由外套和长裤组成，常见的面料如涤盖棉、纯棉面料等，使用的面料往往弹力较好，适合运动。因为春秋季温度较适宜，设计时可以无须特别考虑凉爽性或保暖性问题，多用棉混纺面料，不易缩水且抗皱能力强，有一定的排汗能力。夏季校服多以短袖为主，男孩搭配裤装，女孩搭配裙装，面料质地首选透气吸汗型，常见材料有针织汗布、网眼布等。冬季校服一般由棉衣外套和长裤组成，常见面料多为摇粒绒、复合面料。由于冬季天气干燥，容易产生静电，所以选用面料时需考虑保暖性与抗静电性。运动休闲风格的校服将运动装的自由舒适与时装中的潮流时尚巧妙地融为一体，设计突出了"运动时装化"的概念，通过简洁、舒适的款式造型，大块面的色彩搭配，以及一些包缝、嵌条等细节工艺，展现出此类休闲风格校服的新内涵。设计师还可以从面料和造型方面来精心构思和组织。例如，在运动幅度大的部位如手肘、背部、膝关节位置用针织面料或弹性面料，衣身、衣领用挺括的梭织面料，简化前身造型，整合校服的规范元素；又如，运动休闲式校服的造型多为H型或O型，设计师可尝试采用对身材和身高的包容性更强的A型廓型，掌握好比例关系，使视觉上得体，功能上符合对应年龄段的特点，可改变长期以来家长选购校服时"大一号"的无奈。也可在服装的细节部位做文章，如在袖口和下摆等部位开口，这样的服装作为学生的日常装，既时尚又具有一定的运动功能，并兼具校服的严整性。

运动休闲风格校服一般价格不高，也得到了大多数学校和家长的认可。总体而言，运动休闲风格类校服的设计需从美观、舒适、性价比等方面综合考虑。

此外，校服的设计应考虑配套性，只有服装及配件综合考虑才能完整地体现美感，充分发挥美育功能。校服在设计时还可以兼顾设计鞋子、书包、围巾、袜子、雨衣等全套系的配饰配件，更能加强统一性和标识度，使校服真正成为学校的标志。

第四节　儿童泳衣

随着经济的发展和人们生活水平的提高，游泳这项运动越来越受到人们的喜爱，泳衣作为游泳运动必备的工具，也经过了由传统到多彩的变化。泳衣作为一种运动服装，贴身穿着，需要尽可能地减少水的阻力，功能性是其第一位的要求；此外，随着现代时尚业的发展，人们的审美观念逐步提高，泳装呈现出时装化审美的趋势，传统的泳衣已经不能满足人们对美的追求，镂空、蕾丝、印花等元素纷纷用于泳衣设计，一些新材料、新科技也介入泳衣设计领域，使泳衣真正地成了水上时装。游泳运动有益健康，现在很多孩子也加入了游泳大军，不少中小学还开设了游泳课程，儿童泳衣在游泳衣市场占有不小的份额。

图8-16　女童分体式及连体式泳衣

一、儿童泳衣的款式分类

儿童泳衣分为男童泳衣与女童泳衣两大类。

男童泳衣的基本款式有泳裤与泳衣分体式、上下连体式、单泳裤式这三种，分体式泳衣多为泳裤+T恤或是紧身背心的造型，泳衣同时还配套泳帽、护目镜等，形成一套完整的搭配造型。

女童泳衣基本款式为分体式和连体式两种（图8-16），连体式以连体裤或是连衣裙的造型较为常见，分体式泳衣常见的为T恤、背心与泳裤（裙）的组合或比基尼式。无论是哪一个年龄段的孩童，人们都很难接受女童裸露上半身，因此女童泳衣没有单泳裤的设计。

二、儿童泳衣的款式特点

从童装设计的总体状况看，无论是哪一种服装，都需要符合所设计服装穿着对象的体型特征，泳衣也不例外。从成人泳衣设计来看，男性泳衣的款式较为单一，女性泳衣的款式较为丰富，儿童泳衣设计领域也存在同样的状况。从款式上说，儿童泳衣与成人泳衣大体相似，但是一些结构细节与成人泳衣有较大的差别。

（一）儿童泳衣的造型

泳衣一般使用高弹力面料，这样泳衣才能更好地贴合人体，减少在水中的阻力。因此，与其他服装设计不同的是，儿童泳衣无须刻意设计为A型或是O型等宽松的款式，在贴合不同年龄段孩童基本体型的基础上进行设计，一般H型甚至大一点孩子的泳衣还可以略有收腰，配合高弹面料，非常适合游泳运动。

（二）儿童泳衣的设计

1. 儿童泳衣的面辅料

在选择泳衣面料时要根据运动的特点合理考虑不同面料纤维的比例、密度、层数，在局部设计上要考虑特定的需求。比较常见的泳衣面料有聚酰胺尼龙面料，这种面料透气性好，能够快速吸水并通过衣服表面挥发出去，而且耐磨耐用，在泳衣设计中很受欢迎；莱卡面料，这是一种人造弹力纤维，延展性好，抗拉伸，制作成服装后表面光滑贴身，是运动服装中不可或缺的材料，被广泛运用到各领域，也适用于儿童泳衣的设计；此外还有功能性纤维、硅酮树脂等材料，也在泳衣设计中比较常见。

儿童泳衣的穿着对象是孩子，所以儿童泳衣与成人泳衣的款式差别是很明显的。以女童的泳衣为例，一般成年女性的泳衣在服装的胸部均垫衬有一定厚度的海绵胸垫，且一些款式在制板时会按照女性的体型起伏，收出胸省、腰省等以使泳衣能够更好地凸显女性的曲线美；而女童泳衣无论是分体式还是连体式，小龄女童的泳衣很少会使用胸垫，年龄略大的女童泳衣有时则使用较薄的胸垫。图8-17为儿童比基尼式泳衣，泳衣的款式虽接近成人的比基尼，但可以明显看出，女童泳衣上装并无胸垫垫衬。

2. 儿童泳衣的装饰性设计

儿童泳衣的色彩、图案是设计重点之一。考虑到游泳的安全性需求，儿童的自我保护能力比较弱，因此儿童泳衣的色彩以鲜艳为宜。无论是到游泳馆游泳还是到海边休闲，鲜艳的色彩更加醒目，成人可以更好地关注到运动中的儿童，从而保证他们的安全。因泳衣的面料具有高弹力，加之运动的特殊性，一般无论是儿童泳衣还是成人泳衣，刺绣、定珠等装饰手法均不适用，印花手法可以很好

图8-17 儿童比基尼式泳衣

地适应面料的弹力，且能够保持服装表面的简洁平整，不会对运动产生影响，因此在泳衣设计中被广泛使用。儿童泳衣的图案则可以根据不同年龄段孩子的喜好，如动植物、各种抽象图案、卡通造型等，均可用于儿童泳衣的设计。在现代追求个性化的时代，设计师可以充分发挥自己的想象力，运用数码技术推出各类创新性图案。另外，儿童泳衣的设计还可以在小细节上下功夫。如图8-18所示的运用印花及面料立体花卉装饰的儿童泳装，女童泳衣运用了印花工艺，泳衣的肩部装饰了精致的面料立体花，显得活泼可爱，非常符合儿童的性格特征。

图8-18　运用印花及面料立体花卉装饰的儿童泳装

　　总之，在设计儿童泳衣时，充分考虑面料的延展性与各部位设计量互补，充分保证孩童在穿着时无沉重感与束缚感。利于活动且又能很好地表现儿童特有的美感，是儿童泳衣设计的总体原则。